U0840056

珍藏本

纪念版

汉译世界学术名著丛书

科学的价值

〔法〕昂利·彭加勒 著

李醒民 译

商务印书馆

SINCE 1897 The Commercial Press

2017年·北京

H. Poincaré
THE FOUNDATIONS OF SCIENCE

根据纽约科学出版社 1913 年英译本译出

汉译世界学术名著丛书
（120年纪念版·珍藏本）
出 版 说 明

2017年2月11日，商务印书馆迎来120岁的生日。120年前，商务印书馆前贤怀揣文化救国的理想，抱持“昌明教育，开启民智”的使命，立足本土，放眼寰宇，以出版为津梁，沟通中西，为中国、为世界提供最富智慧的思想文化成果。无论世事白云苍狗，潮流左右激荡，甚至战火硝烟弥漫，始终践行学术报国之志，无改初心。

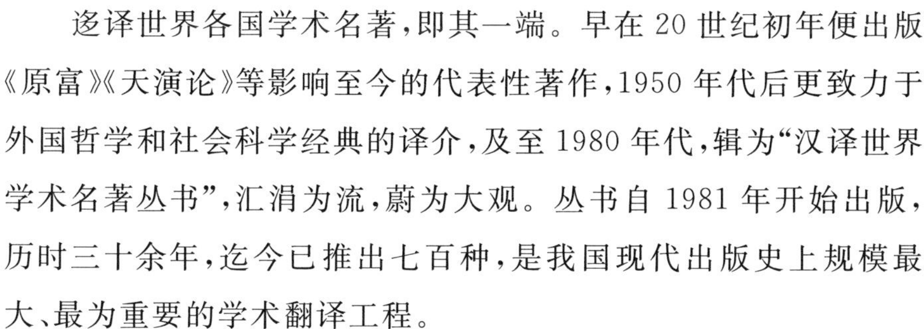

迻译世界各国学术名著，即其一端。早在20世纪初年便出版《原富》《天演论》等影响至今的代表性著作，1950年代后更致力于外国哲学和社会科学经典的译介，及至1980年代，辑为“汉译世界学术名著丛书”，汇涓为流，蔚为大观。丛书自1981年开始出版，历时三十余年，迄今已推出七百种，是我国现代出版史上规模最大、最为重要的学术翻译工程。

丛书所选之书，立场观点不囿于一派，学科领域不限于一门，皆为文明开启以来，各时代、各国家、各民族的思想与文化精粹，代表着人类已经到达过的精神境界。丛书系统译介世界学术经典，引领时代思想，为本土原创学术的发展提供丰富的文化滋养，为推动中国现代学术和现代化进程做出了突出的贡献。

为纪念商务印书馆成立120周年，我们整体推出“汉译世界学术名著丛书”120年纪念版的珍藏本，寄望既利于文化积累，又便于研读查考，同时向长期支持丛书出版的译者、编者和读者致以敬意。

两甲子后的今天，商务印书馆又站在了一个新的历史时间节点上。我们不仅要铭记先辈的身影和足迹，更须让我们的步伐充满新的时代精神。这是商务人代代相传的事业，更是与国家和民族的命运始终紧密相连的事业。我们责无旁贷，必须做好我们这代人的传承与创造，让我们的努力和成果不仅凝聚成民族文化的记忆，还能成为后来人可以接续的事业。唯此，才能不负前贤，无愧来者。

商务印书馆编辑部

2017年10月

中 译 者 序

昂利·彭加勒(Henri Poincaré,1854～1912)是 19 和 20 世纪之交法国赫赫有名的大科学家,尤其是大数学家;但是,我们大概很少有人知道,彭加勒也是一位大哲学家和大思想家。搞哲学的人(尤其是在 1950 年代至 1970 年代搞"哲学"的人,迄今此种心智类型的人依然大有人在)可就惨了:他们长期以来不仅不知道彭加勒的科学成就,而且也不了解他的哲学思想。他们只是从《唯物主义和经验批判主义》中获悉,彭加勒是一位"卓越的物理学家,渺小的哲学家";在"一旦谈到哲学问题的时候",他"所说的任何一句话都不可相信";他甚至是"反动的哲学教授"、"神学家手下的有学问的帮办"、破坏物理学革命的罪魁祸首。[1]

这真是 20 世纪的天方夜谭!

毋庸置疑,彭加勒是伟大的科学家。[2] 首先,彭加勒是世纪之交雄观全局的教学领袖,是最后一位数学全才大师。他在数学的四个主要部门——算术、代数、几何、分析——的贡献都是开创性的,例如在函数论、组合拓扑学、代数学、微分方程和积分方程理论、代数几何学、发散级数理论、数论、概率论、位势论、数学基础等课题上的发明,都成为后继者继续发掘和拓展的"富矿",其中不少至今仍具有诱人的魅力。

彭加勒也是一位杰出的天文学家。他在旋转流体的平衡形状、太阳系的稳定性即三体问题、太阳系的起源等研究中，都作出了超越时代的成就。他的专题巨著《天体力学的新方法》、《天体力学教程》、《流体质量平衡的计算》和《论宇宙假设》以新颖的数学武器进攻天文学，开辟了天文学研究的新纪元，设计出展望外部星空的新窗户，时至今日仍充满了理智的力量。

彭加勒还是理论物理学所有分支的大家。他在该领域发表的论文和专著达70余种，广泛地涉及毛细管引力、弹性学、流体力学、热传播理论、势论、光学、电学、磁学、电子动力学、量子论等。尤其是，他是首屈一指的相对论的先驱：他先于爱因斯坦提出了相对性原理和光速不变原理，讨论了用交换光信号操作的时间测量，提出了精确的洛伦兹变换(洛伦兹群)，勾勒了新力学的框架；他先于闵可夫斯基引入四维矢量和四维时空使用了虚时间坐标；他在1905～1906年研究了牛顿引力定律，甚至使用了“引力波”一词。近些年人们注意到：彭加勒也是混沌学的嚆矢！

彭加勒并不是“渺小的哲学家”，相反地，他是一位伟大的哲学家和思想家，是现代科学哲学的滥觞。

作为一位哲人科学家而非纯粹哲学家，彭加勒并没有刻意构造庞大的哲学体系，也没有为写哲学著作而写哲学著作，他的科学哲学著作都是由他的科学著作的序言和结论、或是会议讲演和学术报告组成的；一句话，是他科学工作的“副产品”。但是，由于他身处时代的科学前沿，又具有深厚的人文情怀，因此他的思想代表了现代科学的哲学意向，浓缩了当时的时代精神。

约定论是彭加勒的哲学创造。它内涵丰富、寓意隽永，囊括了现代科学哲学的一些热门论题。约定论的八大内涵或主题可以概括为：C_1 断言在科学理论中存在约定的成分，这尤其体现在基本原理和基本概念中；C_2 指出约定对于非约定的（准经验的）陈述所起的作用；C_3 把认识论地位的改变，从而把约定的改变归因于科学共同体的决定；C_4 宣布所谓的判决性实验不可能，这个主题现在往往被称为迪昂—奎因论题；C_5 揭示出理论的经验内容在约定变化的条件下是不变量，它保证了科学的客观性、合理性以及科学进步的连续性；C_6 是哈密顿—赫兹—彭加勒理论观或彭加勒的理论多元观，于是与约定有关的理智价值评价介入到理论选择的过程之中；C_7 隐含着本体论的约定性和真关系的实在性；C_8 断言物理几何学本身的约定性。[3]约定论具有重要的认识论和方法论意义，并融入现代科学哲学的各个流派的发展中。[4]

彭加勒的约定论和马赫的经验论直接成为逻辑经验论兴起的基础，因此彭加勒理所当然地被认为是逻辑经验论的始祖之一。弗兰克在谈到这一点时明确指出，彭加勒强调了数学和逻辑在科学中的地位和作用，他借助约定论在事实的描述和科学的普遍原理之间的鸿沟上成功地架起了桥梁——逻辑经验论者正是通过这座桥梁前行的。他说："科学哲学中的任何进展都在于提出理论，而马赫和彭加勒的观点在这个理论中是一个更普遍的观点的两个方面。为了用一句话概括这个理论，人们可以说：按照马赫的观点，科学中的普遍原理是观察到的事实的简要的经济的描述；按照彭加勒的观点，它们是人类精神的自由创造，没有告诉我们观察事实的任何东西。尝试把这两种概念结合成一个融贯的体系，是后来被称之为逻辑经验论的起源。"[5]

除了约定论以外，在彭加勒的哲学思想中还包含着关系实在论、科学理性论、温和经验论的成分，并不时闪现出理想主义和反功利主义、反信仰主义的色彩。他的自然观（自然界的统一性和简单性，偶然性和决定论，规律的演化，空时学说等）耐人寻味，他的科学观（科学的定义、目的和规范，科学发展的危机一革命图像，科学进步的方向，科学理论的结构和本性，科学的社会功能，为科学而科学，科学家的信仰、秉性和美德等）旨永意新。尤其引人注目的是，彭加勒在论述科学认识论和科学方法论的一些内容时，诸如假设、直觉、科学美、数学发明的心理学、科学中的语言翻译，其内蕴厚重，意味深长，文思如泉，妙语连珠，令人感到美不胜收。难怪爱因斯坦称彭加勒是“敏锐的、深刻的思想家”[6]。彭加勒之所以能达到如此之高的思想境界，无疑与他的作为哲人科学家[7]的优越条件有关：他是一位学识渊博的科学家，他在论证自己的哲学观点时，不仅大量地引证了他所精通的数学、物理学、天文学方面的材料，而且也旁及化学、生物学、地质学、地理学、生理学、心理学、气象学等领域，他所掌握的材料之丰富绝非纯粹哲学家所能企及；同时，他又是一位有哲学头脑的科学家，他关注、探索、研究的问题往往超出纯粹科学家的视野。因此，在他的哲学论述中，不时迸发出令人深省的思想火花，从而当之无愧地成为人类思想宝库中的瑰丽珍宝。

在这里，我想补充说明和强调两点。其一，随着近年混沌和复杂性学科的研究方兴未艾，人们逐渐认识到，彭加勒不仅是现代科学的先驱，也是“后”现代科学的滥觞。其二，随着后现代科学哲学的勃兴和流播，人们蓦然发觉，彭加勒不但是“前”现代科学哲学的创造者和集大成者，其思想也是“后”现代科学哲学的引线和酵素。可以说，彭加勒是本来就不多的哲人科学家的典型代表。

彭加勒有四本科学哲学经典名著，它们是《科学与假设》(1902)、《科学的价值》(1905)、《科学与方法》(1908)和《最后的沉思》[8](1913)。《科学的价值》除“引言”外有三编十一章。“引言”言简意赅，概述了全书的主题和基旨，读者只需尝鼎一脔、窥豹一斑，亦足见其思想之博大精深，内容之妙趣横生，文辞之行云流水。

第一编“数学科学”共有四章。第一章“数学中的直觉和逻辑”以亲身经历的实例，揭示出数学家的两种心智类型，论证了逻辑主义和直觉主义在数学中各司其职、珠联璧合的作用；尤其是关于直觉的洞见的分析，更是新意迭出。接着的三章从数学和科学(物理学、生理学、心理学等)的视角，系统地探讨了时间和空间概念以及空间为什么有三维的问题；这些议论当年对爱因斯坦变革牛顿的绝对时空观有所启示，行家不难从中看到彭加勒空时概念的新颖性和独创性。

第二编“物理科学”包括五章。第五章“解析和物理学”讨论了这两门科学互惠互利、相得益彰的互补关系，毫不留情地批评了最藐视理论的、只知赚钱逐利的、顽固不化的实际者。第六章“天文学”是一篇精粹的美文，充分流露出彭加勒高远的理想主义情愫；它论述了远离实际生活的天文学对提升人类精神的神奇伟力，同时阐明了“只有服从自然，才能支配自然”的道理。接着的三章依次分析了数学物理学的历史、现状和未来。它们集中传达了彭加勒关于物理学危机的基本观点[9]：第一，他敏锐地觉察到由于新原理与旧原理的尖锐冲突，物理学已处于危机之中；第二，他认为物理学危机是好事而不是坏事，危机能加速物理学的根本变革，是物理学进入新阶段的前兆；第三，他指出，要摆脱危机，就要在新实验事实的基础上重新改造物理学；第四，他一再肯定旧理论的价值，认为它们在其有效适用范围内还是大有用处的，并且旗帜鲜明地批判了“科学破产”之类的错误观点；第五，他预见了新力学的大致图景，对科学的前途表示乐观。彭加勒的这些观点以及他对科学进步的见解，即使在近百年后的今日看起来也是有意义的。这充分表明，他对世纪之交物理学形势的洞察是明睿的，远远超过了当时的大多数科学家和哲学家。应当说“唯批”第五章中对彭加勒的引用是断章取义的，而且一处关键性译词有误，误解和曲解了彭加勒的基本观点。[10]至于后继者墨守成规所写的多如牛毛的文字，则纯属鹦鹉学舌、郢书燕说。可以预料，不要太长时间，它们都会被后人或“后”后人抛入“遗忘的角落”，至多不过是作为谈资的笑料。

第三编“科学的客观价值”是全书最有哲学味的部分，它仅有两章。在第十章“科学是人为的吗?”之中，彭加勒一开始就批判了勒卢阿的反理智主义和科学“处方”观，并为他本人的约定论正名；在详尽剖析了未加工的事实和科学事实的划分和关联的基础上，他涉及科学中的语言翻译问题——这在半个多世纪后成为奎因和库恩所钟爱的论题；尤其值得注意的是，他把客观性界定为“主观的”主体间性（借助语言“交谈”），把不变量（关系实在）作为客观性的“客观的”根基，并阐明了科学中的语言翻译、不变量、约定之间的错综复杂的关联。第十一章“科学和实在”探究了偶然性和决定论以及规律的演化问题；本章的重点在于和盘托出了他的关系实在论思想，并把科学的客观性置于其上；最后以诗一样的语言对科学和艺术的价值充分肯定，对为科学而科学大力推崇，特别是对思想的颂扬，简直达到无以复加的地步——要知道人这根软弱的“芦苇”之所以能屹立于天地间，靠的就是思想——简短的八百字真是字字珠玑！

《科学的价值》于1985年译出，由于经验不足，译文不免有部分疏漏和不尽人意之处，尽管它在1988年出版时曾受到读者的热情欢迎。我一直想补苴罅漏，使其尽善尽美。1988年，我趁再版之机费时两周，依据霍尔斯特德博士流畅、忠实、完美的英译本[11]——这是彭加勒首肯的权威性英译本——对原中译文精心而细致地做了译校：纠正了少许错误，填补了数处遗漏，核准了若干译名，严密了部分文辞，精练了诸多词语，润色了整个译文。尤其是后三项工作，译者用心良苦，费力颇多。译者虽不敢妄言殚精竭虑，已使译文完美无缺，但仍有底气斗胆昌言，译文达到了应有的水准和高度。正是在这个意义上，我建议读者放弃1988年出版的老译本——它已在特定的历史时期完成了它的特定的历史使命——欣然接受这个新译本。我深信读者的洞察力和判断力。

彭加勒被认为是法国的散文大师。勒邦(G. Le Bon)在谈到彭加勒文炳雕龙时说：“数学家、哲学家、诗人、艺术家的昂利·彭加勒也是一位作家。他的唯一目的是用他的全部诚意表达他的思想，并把他的激情和崇高的热忱传达给他的读者。他以锐利的笔锋写作，因为他的见解是这样精密，他的思维是如此活跃，以致他几乎总能找到它们的完美表达。”在勒邦看来，彭加勒的写作风格像蒙田(M. de Montaigne)、莫里哀(Molière)、帕斯卡(B. Pascal)

一样，雅致、简洁、明晰、妙语迭出，其语言运用和修辞手段充满了独创性、新颖性和感染力。[12]这一切，无疑是对我的功力和意志的严峻挑战，严复有言在先：译事三难“信、达、雅”——诚哉斯语。要做到这三点已实属不易，但即便如此恐怕也只能说是形似。要由形似进而达到神似，即完整而准确地传达出彭加勒文章中的空灵化境、深邃意蕴、儒雅气质、细腻情感、凌云笔势、微妙语调，更是难上加难。译者不揣浅陋，贸然应战，实在有“冒犯”之嫌。但是，事情总得有人去干，何况译者自信毕竟还有两本研究彭加勒的专著[13]垫底。至于译文究竟如何，那就只有留待学术界和读者评判了。反正我本人抱定一个目的：既要对得起写出精品的作者，又要对得起掏钱买书的读者——我无论如何也不能让读者大失所望地指脊梁！

作者早已仙逝，无可置喙。译者如人饮水，冷暖自知。读者慧眼独具，洞若观火。对于已匡之讹误，译者至今仍汗颜不已。好在《左传》有语可以权且自持：“人谁无过，过而能改，善莫大焉。”好在《论语》有言可以聊以自慰：“君子之过也，如日月之食焉。过也，人皆见之；更也，人皆仰之。”是为中译者序。

参考文献

［1］《列宁选集》第 2 卷，北京：人民出版社，1972 年第 2 版，第 166、345～350、256～264 页。

［2］关于彭加勒的生平和科学贡献，读者可参阅李醒民：昂利·彭加勒——杰出的科学开拓者和敏锐的思想家，北京：《自然辩证法通讯》，第 6 卷（1984），第 3 期，第 57～69 页。李醒民：彭加勒——理性科学的“智多星”，《科学巨星》丛书 5，西安：陕西人民教育出版社，1995 年 11 月第 1 版，第 1～

43 页。

［3］ 李醒民:《彭加勒》,台北:三民书局,1994 年第 1 版,第 97～142 页。也可参见前注之二,第 28～36 页。

［4］ 李醒民:论彭加勒的经验约定论,北京:《中国社会科学》,1988 年第 2 期(总第 50 期),第 99～111 页。

［5］ P. Frank, *Modern Science and Its Philosophy*, Harvard University Press, 1950, pp. 8, 11～12.

［6］《爱因斯坦文集》第 1 卷,许良英等编译,北京:商务印书馆,1976 年第 1 版,第 139 页。

［7］ 李醒民:论作为科学家的哲学家,长沙:《求索》,1990 年第 5 期(总第 57 期),第 51～57 页。李醒民:"关于物理学危机问题的沉思——对《唯物主义和经验批判主义》某些观点的再认识",《江汉论坛》(武汉),1985 年第 7 期(总第 59 期),第12～19 页。

［8］ H. 彭加勒:《最后的沉思》,李醒民译,北京:商务印书馆,1995 年 8 月第 1 版,1996 年 12 月第 2 次印刷。

［9］ 我在 1981 年完成的硕士论文,就是以"彭加勒与物理学危机"为题目的。该文的一部分以"评彭加勒关于物理学危机的基本观点"为题发表在北京:《自然辩证法通讯》,第 4 卷(1983),第 6 期,第 31～38 页。另一部分即对《唯物主义和经验批判主义》的有关论述的完整批评在五年之后才得以发表,参见李醒民:关于物理学危机问题的沉思——对《唯物主义和经验批判主义》某些观点的再认识,武汉:《江汉论坛》,1985 年第 7 期(总第 59 期),第 12～19 页。

［10］ 参见我的硕士论文的完整版本。李醒民:彭加勒与物理学危机,《中国人文社会科学博士硕士文库·哲学卷(中)》,杭州:浙江教育出版社,1998 年 12 月第 1 版,第 1247～1285 页。李醒民:《中国现代科学思潮》,北京:科学出版社,2004 年 3 月第 1 版,第 89～124 页。

［11］ H. Poincaré, *The Foundations of Science*, Authorized Translation by G. B. Halsted, The Science Press, New York and Garrison, N. Y., 1913.

［12］ R. C. Archiband, Jules Henri Poincaré, *Bull. Am. Math. Soc.*, 22 (1915), pp. 125～136.

[13] 除了1993年4月完成的《彭加勒》以外，还有1986年11月完成的《理性的沉思》(沈阳:辽宁教育出版社，1992年第1版)。

目　　录

引　言

追求真理应该是我们活动的目标，这才是值得活动的唯一目的。毫无疑问，我们首先应当努力减轻人类的痛苦，但是为什么要这样做呢？不受痛苦，这是一个消极的理想，世界一日不灭，痛苦终不能已。如果我们希望越来越多地使人们摆脱物质烦恼，那正是因为他们能够在研究和思考真理中享受到自由。

但是，真理有时使我们惊惧。事实上，我们知道，它有时是骗人的，它是一个幽灵，除了长久地隐匿而外，它从未使自己显示一瞬间，竭力穷追，终不可得。正如某些希腊人，如亚里士多德（Aristotle）或其他人所说，欲有所为，当先知止。我们也知道，真理多么存心使人痛苦，我们不知道，幻想是否不仅使我们备受安慰，甚至使我们更加激奋，因为正是幻想给我们以信念。当幻想消失之时，我们还能奋发为雄、毫不失望吗？套上挽具的马，如果不蒙住其双眼，它就不肯单调地前进吗？于是，欲求真理，必须独立，必须完全地独立。相反地，如果我们希望有所作为，希望坚强有力，那么就应当联合起来。这就是我们许多人为什么害怕真理；我们认为害怕真理是软弱的一个原因。但是，不应该害怕真理，因为唯有真理才是美的。

当我在这里谈到真理时，毫无疑问，我首先指称的是科学真理；但是我也意指道德真理，我们认为公正只是道德真理的一个方面。也许我滥用了词汇，在同一名称下把两个毫无共同之处的东西结合在一起；由论证而来的科学真理与由感觉而来的道德真理没有什么相似之处。然而我不能把它们分开，无论是谁，当他热爱一个时，他就不得不热爱另一个。为了发现科学真理，以及为了发现道德真理，必须使心灵完全摆脱偏见，摆脱激情；必须绝对诚意正心。这两种真理一旦被发现，它们将给我们带来同样的欢乐；不论哪一种真理，当我们一觉察到它时，它就放射出同样的光辉，以至于我们必然看到它，或者我们熟视无睹。最后，这两种真理时而吸引我们，时而远离我们；它们从来也不是固定不变的：当我们认为已经接近它们时，我们发觉我们还得继续前进，从而使得追求它们的人从来也不知道休息。必须附带说说，害怕其中一个的人也必将害怕另一个；由于他们在每一件事情上特别关心结果。一句话，我喜欢两种真理，因为同样的理由使我们热爱它们，因为同样的理由使我们害怕它们。

如果我们不应该害怕道德真理，那么我们也就更应该不畏惧科学真理。首先，科学真理不能与伦理学冲突。伦理学和科学各有它们自己的领域，其领域虽相接而不相犯。伦理学向我们表明我们应该追求的目标，在指出目标之后，科学教导我们如何达到它。由于它们从来也不能相遇，因而他们永远不会发生冲突。不可能有不道德的科学，正如不可能有科学的道德一样。

但是，假使人们害怕科学，那尤其是因为它不能给我们带来幸福。显而易见，它不能如此。我们甚至可以询问，兽类是否比人类少经受痛苦。假使人与兽类无异，不知他必然要死，自以为长生不老，而视地上为极乐世界，我们会因此而感到遗憾吗？当我们品尝了苹果，痛苦并不能使我们忘记它的美味。我们总是能够回味它。它会是另外的味道吗？我们进而要问，一个由明变盲的人是否就不渴望光明呢。于是，人类不能通过科学而得到幸福，但是假若没有科学，人类今天便会更加不幸。

但是，如果真理是值得追求的唯一目的，我们可以希望得到它吗？这是完全可以质疑的。看过我的小册子《科学与假设》的读者已经知道，我就这个问题进行了思考。稍纵即逝的真理绝非大多数人所谓的真理。这意味着我们最合理、最迫切的渴望同时是虚无缥缈的吗？或者，我们无论如何能够在某个侧面接近真理吗？这是必须予以研究的问题。

首先要问，我们有什么工具来处置这个问题呢？人类的智力，狭义地讲科学家的智力，容纳不下无限变化吗？连篇累牍也写不完这个论题；在几小段中，我只能稍微涉及一下它。世人都会同意，几何学家的心智不同于物理学家或博物学家的心智；但是数学家本身也并非相互类似，一些人只承认不可改变的逻辑，另一些人诉诸直觉，并且从中看到发现的唯一源泉。这也许是不信任的理由。对于如此相异的心智来说，数学理论本身能够在同一天出现吗？对所有人并非相同的真理依然是真理吗？可是更为仔细地观察一下，我们看到这些十分不同的工作者为共同的任务协作起来，没有他们的协作，任务是不能完成的。这已使我们放心了。

其次，有必要审查一下我们看来好像是封闭自然界的框架[①]，

① 此处的“框架”一词，法文原著是 cadre，英译本正确地译为 frame，而没有译为

我们称这些框架为时间和空间。我已经在《科学与假设》中指出，它们的价值如何是相对的；不是自然界把它们强加于我们，而是我们把它们强加于自然界，因为我们发觉它们是方便的。可是，我几乎没有过多地谈论空间，特别是量的空间，即其集合构成几何学的数学关系。我应该证明，正如与空间相同一样，它与时间也相同，还与“定性的空间”相同。特别是，我应该研究，我们为什么要把三维赋予空间。我可能会因再次提到这些重要问题而得到谅解。

其主要对象是研究这些空虚框架的数学分析是心智的空洞游戏吗？它给予物理学家的只不过是方便的语言，这难道不是平庸的贡献吗？严格地讲，没有这种贡献，也能够做到这一点。甚至人们不必担心，这种人为的语言可能成为设置在实在和物理学家眼睛之间的屏障吗？远非如此；没有这种语言，事物的大多数密切类似对我们来说将会永远是未知的；而且，我们将永远不了解世界的内部和谐，我们将看到，这种和谐是唯一真实的客观实在。

这种和谐的最好表达方式就是定律。定律是人类心智最近代的产物之一；还有人生活在永恒的奇迹中而不觉得奇怪。相反地，正是我们，应当为自然的规律性而惊奇。人们要求他们的上帝用奇迹证明规律的存在，但是永恒的奇迹就是永远也没有这样的奇迹。世界之所以是神圣的，正因为它是和谐的。假使它受任性支

notion 或 concept（概念）。在《唯物主义和经验批判主义》俄文版中，该词被误译为 понятие（概念），中文版沿用了这一错误。详见李醒民：“对《唯物主义和经验批判主义》两处译文的商榷”，《教学与研究》，1983 年第 4 期。我是 1980 年在做硕士论文〈彭加勒与物理学危机〉时发现这一问题的。在我的建议下，新版《列宁全集》第 18 卷（人民出版社 1988 年第 2 版）已加注做了说明。——中译者注

配，什么能向我们证明它不受机遇支配呢？

我们把定律的这一胜利归功于天文学，正是这一胜利与其说使科学所研究的对象的材料显得壮观，倒不如说使科学本身蔚为壮观。因此，天体力学应该是数学物理学的第一个典范，这是十分自然的。可是从那时起，这门科学已经发展了；它还正在发展着，甚至一日千里地发展着。已经有必要在某些方面修正我曾从中引出《科学与假设》的两章规划。在1904年圣路易斯博览会的讲演中，我曾试图展望前进的道路；读者将在后面看到这一研究的结果。

科学的进步似乎使得过去牢固建立起来的、甚至被视之为基本的原理发生了动摇。然而，没有什么东西表明它们是不可挽救的；即使它们不能原封不动地存在，它们也能够经过修正而继续有效。科学的进展不能与改造城市相提并论，可以无情地破坏一个旧的而另建一个新的来代替，但是科学的进步犹如动物形体的进化，由于不断地发展，以致一般人已难以辨认了，但在行家看来，总是能够追寻到数世纪之前的踪迹。人们必定不这样想：旧理论是无结果的和徒劳的。

假如我们在这儿停下来，我们在这些段落中会发现相信科学的价值的一些理由。但是有更多的理由怀疑它，怀疑的印象依然存在，现在需要把事情弄正确。

一些人把约定在科学中的作用夸大了；他们甚至走得如此之远，以至说定律乃至科学事实本身是科学家创造的。他们在唯名论的方向上走得太远了。不，科学定律不是人为的创造；我们没有理由把它们看做是偶然，尽管不可能证明它们不是偶然的。

人类的理智在自然界中所发现的和谐存在于这种理智之外吗？不能！毫无疑问，一个完全独立于想象它、看见它或感觉到它的心智之外的实在是不可能的。作为外在的世界即使存在着，我们永远也达不到。我们称之为客观实在的东西，归根结底对大多数思维者是共同的，而且对所有的思维者也应当是共同的；我们将看到，这种共同的部分只能是数学定律所表示的和谐而已。正是这种和谐，才是唯一的客观实在，才是我们所能得到的唯一真理。当我进而说，世界的普遍和谐是众美之源时，那么这将被理解为，我们应该把价值放在缓慢而艰难的进步上，这种进步能一点一滴地使我们更好地了解这种和谐。

第 一 编

数 学 科 学

第一章　数学中的直觉和逻辑

I

研究一下伟大数学家或一般数学家的著作，人们不能不注意到和区分出两种相反的趋势，或者毋宁说是两种截然不同的心智类型。一些人尤其专注于逻辑；读读他们的著作，人们被诱使相信，他们效法沃邦[①]，对准被包围之地挖壕掘沟，步步进逼，没有给机遇留下任何余地。另一些人受直觉指引，他们像勇敢的前卫骑兵，迅猛出击，但有时也要冒几分风险。

并非所处理的问题迫使他们采取这种或那种方法。虽然人们往往称前者为**解析家**，称后者为**几何学家**；但是这并不妨碍第一种人依然是解析家，即使当他们研究几何学的时候；而另一种人还是几何学家，即使当他们从事纯粹解析的时候。正是他们的心智的本性，使他们成为逻辑主义者和直觉主义者，当他们探究新课题时，他们也不能把它撇到一边。

在数学家中间，并非教育能助长一种趋势而抑制另一种趋势。

---

① 沃邦(Marquis de Vauban，1633～1707 年)，法国有名望的军事工程师和元帅。——中译者注

数学家是天生的，不是人为的，他似乎生来就是几何学家或解析家。我乐于引证一些例子，这样的例子实在太多了；但是，为了强调对照，我愿以一个极端的例子开始，请允许我冒昧地在两个活着的数学家中寻找例证吧。

梅雷（Méray）先生想证明，二项式方程总是有根，或者用通俗的话说，角总是可以剖分。如果存在任何用直接的直觉可以感受的真理，那么它就是这样的真理。谁会怀疑一个角总是可以分为任意等分呢？梅雷先生却不如是观；在他看来，这个命题根本不是明白的，他需要几页篇幅证明它。

另一方面，看看克莱因（Klein）教授，他正在研究函数论的一个最抽象的问题：确定在给定的黎曼（Riemann）曲面上，是否总是存在具有已知特性的函数。这位著名的德国几何学家做了些什么呢？他用电导率按某些规律变化的金属面代替他的黎曼曲面。他把金属面上的两个点与电池的两极联接起来。他说，电流必定通过金属面，电流在面上的分布将确定一个函数，该函数的特性恰恰就是说明所要求的特性。

毋庸置疑，克莱因教授完全了解，他在这里提供的仅是一个梗概；不过，他还是毫不犹豫地发表了它；他恐怕认为，他从中发现，即使这不是严格的证明，但至少在内心上是可靠的。逻辑主义者极端厌恶地排斥这种概念的形成，或者更确切地讲，他不可能排斥它，因为在他的思想中从来也没有产生过这种概念。

请容许我再比较两个人，他们俩是法国科学的光荣，最近去世了，可是他们的业绩早就永垂不朽。我讲的是贝特朗（Bertrand）先生和埃尔米特（Hermite）先生。他们同时在同一学校上学；他们受相同的教育，处于同样的影响之下；可是差别却何等之大！这不仅在他们的著作中显现出来，而且在他们的教学、谈吐方式，甚至在他们的外表中都有所表现。这两个人的风采在他们所有学生的脑海里铭刻下永不磨灭的印记；对于那些乐于聆听他们的教导的人来说，这种记忆依然历历在目；我们很容易唤起它。

贝特朗在讲演时总是动来动去；他时而仿佛与某些外来之敌战斗，时而用手势描绘他所研究的图形的轮廓。显然，他想象着，并试图去描绘它，这就是他为什么要借助于手势。而埃尔米特则迥然不同；他的双眼似乎避免与世界接触；他寻求真理的妙诀不在心外，而在心内。

在本世纪的德国几何学家中间，有两个人尤其遐迩闻名，这两位科学家奠定了广义函数论，他们是维尔斯特拉斯（Weierstrass）和黎曼。维尔斯特拉斯把一切都归结为考虑级数及其解析变换；为了更好地表示，他把解析化为类似于算术的拓展；翻阅他的全部著作，你找不到一张插图。相反地，黎曼却立即求助于几何学；他的每一个概念都是一幅图像，人们一旦把握了它的意义，便会永志不忘。

其后，李（Lie）是一位直觉主义者；读其著述，顿生疑团，经他道破之后，人们便涣然冰释；你同时看到，他用图形思维。而科瓦列夫斯基夫人（Madame Kovalevski）则是一位逻辑主义者。

在我们的学生中间，我们也注意到同样的差别；一些人更喜欢“用解析”处理他们的问题，另一些人则“用几何学”。前者不能“在空间中想象”，后者则十分厌倦冗长的计算，很快就变得晕头转向。

对于科学的进步来说，这两类心智同样是必要的；逻辑主义者和直觉主义者都获得了其他人没有作出的巨大成就。谁胆敢冒昧地说，他宁愿维尔斯特拉斯永远不著书立说，或者宁愿世上从来就没有黎曼这个人呢？而且，分析和综合二者都有其合情合理的作用。比较周密地研究一下它们在科学史中各司其职，是饶有兴味的。

II

太奇怪了！如果我们浏览一下古人的著作，我们情不自禁地把他们统统归入直觉主义者之列。然而，人的本性总是相同的；要在本世纪开始创造出专注于逻辑的心智，这几乎是不可能的。假使我们使自己置身于古代几何学家所处时代的占统治地位的思潮中，那么我们会清楚地认识到，他们之中的许多人在倾向性上都是解析家。例如，欧几里得(Euclid)创造了科学结构，他的同代人没有从中挑出毛病。在这个庞大的建筑物中，它的每一个部件不管怎样都归因于直觉，可是我们今天依然可以毫不费力地从中辨认出一位逻辑主义者的工作。

变化的不是心智，而是观念；直觉心智依然是相同的；可是，他们的读者却要求他们做出较大的让步。

这种演变的原因是什么呢？原因是不难发现的。直觉不能给我们以严格性，甚或不能给我们以确定性；这一点愈来愈得到公认。让我们举一些例子。我们知道，存在着没有导数的连续函数。没有什么东西比逻辑给予我们的命题更让直觉震惊了。我们的祖先不假思索地断言："每一个连续函数都有导数，这是很明白的，因为每一条曲线都有切线。”

直觉怎样能够在这一点上欺骗我们呢？正因为当我们试图想象曲线时，我们无法把它描绘得没有宽度；正是这样，当我们描绘直线时，我们在直线的形式下把它看成某一宽度的直带。我们清楚地认识到，这些线没有宽度；我们力求把它们想象得越来越窄，从而趋近极限；我们在一定的限度内这样做，但是我们从来也不会达到这一极限。于是，很显然，我们总是可以把这两条窄带——一条直的、一条曲的——画在这样的位置上，使得它们轻微地相犯而不相交。若不管严密的解析，从而我们将得出结论：曲线总是有切线。

我愿把狄利克雷(Dirichlet)原理作为第二个例子，如此众多的数学物理学定理都建立在该原理上；今天，我们通过十分严格、十分冗长的推理确立它；相反，在此之前，我们却满足于概括的证明。与一任意函数相关的某一积分永远不为零。人们由此断定，它必定有极小值。这一推理中的缺点直接冲击着我们，因为我们使用了抽象的术语——**函数**，因为我们熟悉，当在最普遍的意义上理解这个词时，函数能够呈现出的所有特异性。

但是，如果我们利用具体的图像，例如我们把这个函数看做是电势，情况就不同了；可以认为，断言能够达到静电平衡是合理的。然而，物理比较也许能唤起一些模糊的怀疑。但是，如果谨慎地把推论翻译成几何学的语言，即介于分析语言和物理学语言之间的语言，那么毫无疑问，这种怀疑便不会产生，这样一来，人们即使在今天还能欺骗许多没有预先告诫的读者。

因此，直觉没有给我们以确定性。这就是演变为什么必然发生;现在,让我看看它是如何产生的。

人们将立即注意到,除非严格性先进入定义中,否则就无法在推论中引入严格性。因为数学家所处理的大部分对象长期以来都没有恰当定义;他们假定它们是已知的,由于他们借助于感觉和想象来描述它们;但是,人们仅有它们的粗糙图像,而没有一个推理能够赖以成立的精确观念。因此,逻辑主义者必须首先在这里付出他们的努力。

在不可通约数的情况中就是这样。我们归因于直觉的连续性的模糊观念本身分解为关于整数的不等式的复杂系统。

借助于这种方法,由通过极限或考虑到无限小而引起的困难终于被消除了。今天,在解析中,仅仅剩下整数,或者说,整数的有限或无限的系统被相等或不等关系的网格约束在一起。正如数学家所说,数学被算术化了。

III

第一个问题呈现出来。这种演变终结了吗?我们最终达到绝对的严格性了吗?在每一个演变阶段,我们的祖先也曾认为,他们已经达到了严格性。如果他们欺骗了他们本人,难道我们没有同样欺骗我们自己吗?

我们自信,我们在推理中不再诉诸直觉;哲学家告诉我们,这是假象。纯逻辑永远也不能使我们得到除同义反复之外的任何东西;它不能创造任何新东西;任何科学也不能仅仅从它产生出来。在这一意义上,这些哲学家是对的;要构成算术,像要构成几何学或构成任何科学一样，除了纯逻辑之外，还需要其他东西。为了称呼这种东西，我们只好使用**直觉**这个词。可是，在这同一个词后，潜藏多少不同的想法呢？

比较一下这四个公理：(1)等于第三个量的两个量彼此相等；(2)若一定理对数1为真，假定它对 n 为真，如果我们证明它对 $n+1$ 为真，则它对所有整数均为真；(3)设在一直线上，C 点在 A 与 B 之间，D 点在 A 与 C 之间，则 D 点将在 A 与 B 之间；(4)通过一个定点，仅有一条直线与已知直线平行。

所有这四个公理都归之于直觉，不过第一个阐明了形式逻辑诸法则中的一个法则；第二个是真实的**先验**综合判断，它是严格的数学归纳法的基础；第三个求助于想象；第四个是伪定义。

直觉不必建立在感觉明白之上；感觉不久便会变得无能为力；例如，我们无法向自己描绘千角形，可是我们能够通过直觉一般地思考多角形，多角形把千角形作为一个特例包括进来。

你们知道彭赛列(Poncelet)借助**连续性原理**所理解的东西。彭赛列说，对实量为真之理对虚量也应为真；对有实渐近线的双曲线为真之理从而对有虚渐近线的椭圆也应为真。彭赛列是19世纪[①]最具有直觉精神的人之一；他对直觉是如此之酷爱，如此之夸耀；他把连续性原理视为他的一个最大胆的概念，这个原理还不依赖感觉的明白。更确切地说，把双曲线看做与椭圆类似，是与这种明白相矛盾的。这只是一种早熟的、本能的概括，而且我不想为之

① 原文为“本世纪”。因为彭赛列的生卒年为1788～1867，故改为“19世纪”。本章可能是彭加勒在19世纪末写的一篇文章或讲稿，收入书中时未作修改。——中译者注

辩护。

于是，我们有多种直觉：首先，求助于感觉和想象；其次，通过归纳进行概括，而归纳可以说是摹写实验科学的程序；最后，我们有纯粹数的直觉，我刚才阐述的第二个公理即由此而生，它能够创造真正的数学推理。我在上面已用例子表明，前两个公理不能给我们以必然性；但是，谁当真会怀疑第三个呢？谁会怀疑算术呢？

于是，在今日的解析中，当人们想千方百计地追寻严格性时，除了三段论或诉诸纯粹数的直觉外，则别无他法，唯有这种直觉不会欺骗我们。可以说，绝对严格性今天已被达到。

IV

哲学家还做出另外的诘难，他们说："你在严格性方面有所得，你将在客观性方面有所失。你只有割断把你和实在连接起来的结合物，你才能够达到你的逻辑理想。你的科学是确实可靠的，但是只有把它束缚在象牙塔内，断绝它与外部世界的所有联系，它才能够继续存在下去。若试图稍稍应用它，它就会从这个囚禁之处逃逸出去。"

例如，我企图证明，某一特性附属于某一对象，该对象的概念乍看起来似乎不可定义，因为它是直觉的。起初，我或者失败，或者必须满足近似的证明；我最后决定给我的对象下精确的定义，这使我以无可指责的方式确立这一特性。

哲学家说："于是，依然要证明，对应于这个定义的那个对象的确与你通过直觉所认识的对象是相同的；或者依然要证明，你立即自信你辨认出的、与你的直觉观念一致的、某个真实而具体的对象对应于你的新定义。然后，你才能断言，它具有所述的那种特性。你只不过是转移了困难而已。”

情况并非严格如此；困难未被转移，它只是被分开了。所确立的命题实际上由乍看起来没有区别的、两种不同的真理构成。其一是数学的真理，它现在已被严格地建立起来了。其二是实验的真实性。惟有经验能够告诉我们，某个真实而具体的对象对应于或不对应于某个抽象的定义。这第二种真实性在数学上未被证明，它也不能用数学证明，物理科学和自然科学的经验定律同样也不能用数学证明。要打破砂锅问到底也许就不合道理了。

于是，把长期以来错误地混为一谈的东西区分开来，这不是一大进展吗？这意味着统统驳回了哲学家的这一诘难吗？我不想那样说；数学科学在变成严格的科学时，它获得如此人为的特征，以致给每一个人都留下了印象；它忘记了它的历史起源；我们看到问题应该怎么回答，我们不再理会问题如何提出和为何提出。

这向我们表明，逻辑不是充分的；证明的科学并非全部科学，直觉作为补足物必然保持它的作用，我正要说直觉作为逻辑的平衡物或矫正物。

在讲授数学科学时，我已有机会坚持直觉应该占有的地位。没有直觉，年轻人在理解数学时便无从着手；他们不可能学会热爱它，他们从中看到的只是空洞的玩弄辞藻的争论；尤其是，没有直觉，他们永远也不会有应用数学的能力。但是，现在我首先要谈谈直觉在科学本身中的作用。如果直觉对学生是有用的，那么对有创造性的科学家来说，它更是须臾不可或缺的。

V

我们寻求实在，可是实在是什么呢？生理学家告诉我们，有机体是由细胞形成的；化学家附加道，细胞本身是由原子形成的。这意味着这些原子或这些细胞构成实在，或确切地讲，构成唯一的实在吗？这些细胞排列的方式和导致个体统一的方式不也是比孤立的要素的实在更为有趣的实在吗？除了用显微镜外，从未研究过大象的博物学家能够认为他自己充分地了解这种动物吗？

好了，在数学中也有一些与此类似的东西。可以说，逻辑主义者因之把每一个证明分为许多基本演算；当我们已经相继审查了这些演算，并确认每一个都正确无误的时候，我们必须认为我们已经把握了该证明的真正意义吗？即使当我们博闻强记，正好运用发明者排列这些基本运算的顺序而重演它们，从而能够重复这一证明时，我们可以理解它吗？显然不能；我们还不具有全部实在；我不知道什么东西造成了证明的一致，这将使我们感到十分困惑。

纯粹解析把许多程序提供给我们使用，它保证这些程序是确实可靠的；它向我们开辟了成千条不同的大道，我们可以满怀信心地迈步在这些大道上；我们确信在那里没有障碍；但是，在所有这些道路中，哪一条会最迅速地把我们引向我们的目标呢？谁将告诉我们应该选择哪一条呢？我们需要使我们具有一览遥远目标的本领，直觉就是这样的本领。直觉对于选择他的路线的探索者来说是必要的；对于那些追随他的足迹、欲知他为什么要选择那条路线的人来说，情况也是如此。

假如你正在观棋，要弄懂一盘比赛，仅知道棋子走动的规则是不够的。那只能使你辨认每一步符合这些规则，这种知识的确没有多少价值。如果读数学书的人仅仅是一位逻辑主义者，那么他也会这样做。要弄懂棋赛完全是另一回事；必须了解棋手为什么走这个棋子而不走那个棋子，他本可以在不违反下棋规则的情况下走那一步的。可以察觉出使这一系列相继的步子成为一种有机的整体的内在根据。也就是说，这一本领对于棋手本人更为必要，对发明家来说也是这样。

让我们撇开这种比较而返回到数学上来吧。例如，看看连续函数观念所发生的情况。起初，这仅仅是可感觉的图像，例如用粉笔在黑板上勾画的连续痕迹的图像。然后，它渐渐地变得精细了；不久，它被用来构造复杂的不等式系统，这可以说是摹写了原始图像的全部线条；这座建筑物竣工后，拱架好比说被拆除了，临时作为支架而此后毫无用处的粗糙的表象被抛弃了；保留下来的仅仅是建筑物本身，在逻辑主义者看来，该建筑物是无懈可击的。但是，倘若原始图像从我们的回忆中统统消失，那么所有这些不等式以这种方式相互堆叠，我们究竟是借助什么随想而如何神悟的呢？

也许你认为我使用了过多的比喻；可是，请原谅我再做一个比喻。你无疑见过形成某些海绵骨骼的硅质针状的纤细集合物。当有机物质消失时，留下的只是易脆的美丽的网眼薄纱。的确，除了二氧化硅外别无他物，可是有趣的是这种二氧化硅所具有的形状；如果我们不知道正好使二氧化硅呈现这一形状的活海绵，我们便不能理解它。因而，正是我们祖先的古老的直觉观念，即使当我们已经抛弃了它们，它们的形式还铭刻在我们用来代替它们的逻辑结构上。

对于发明家来说，这种集合物的观点是必不可少的；对于希望实际了解发明家的任何人来说，它同样是不可欠缺的。逻辑能够把它给予我们吗？不能；数学家给它起的名字足以证明这一点。在数学中，逻辑被称为**解析**，解析意味着**分解**、**分析**。因此，除了解剖刀和显微镜外，不会有其他工具。

这样一来，逻辑和直觉各有其必要的作用。二者缺一不可。唯有逻辑能给我们以确定性，它是证明的工具；而直觉则是发明的工具。

VI

但是，在提出这个结论时，我总是顾虑重重。当初，我区分了两种类型的数学心智，一类是逻辑主义者和解析家，另一类是直觉主义者和几何学家。咳，解析家也是发明家。我前面列举的人名足以说明这一事实，没有必要详述了。

在这里，存在着一个需要说明的矛盾，至少在表面上是这样。首先，正像形式逻辑规则要求这些逻辑主义者那样，他们总是从一般到特殊，你认为是这样吗？于是，他们无法开拓科学的疆界；科学的征服只能靠概括进行。

在《科学与假设》的一章中，我有机会研究了数学推理的本性，而且我已经表明，在不失去绝对严格性的情况下，通过我称之为**数**

学归纳法的程序，这种推理如何把我们从特殊提升到一般。正是借助于这种程序，解析才促成了科学的进步；如果我们审查一下他们证明的细节，我们将会发现，它每时每刻都与亚里士多德经典的三段论无关。因此，我们已经看到，解析家并非仿效经院哲学家的样式，仅仅是三段论的制造者。

还有，你认为他们看不到他们希望达到的目标，总是一步一步地摸索着前进吗？他们必须推测通向那里的道路，为此他们需要向导。这个向导首先是类比。例如，解析中一种宝贵的证明方法是建立在强函数使用之上的方法。我们知道，它已经用来解决了许多问题；那么，希望把它应用到新问题中的发明家的作用何在呢？最初，他必须辨认这个问题与用这种方法已经解决的那些问题类似；然后，他必须察觉这个新问题在什么方面与其他问题不同，从而推断应用于该方法所必需的修正。

但是，人们怎样察觉这些类似和这些差别呢？在我刚才举的例子中，它们几乎总是一目了然的，但是我可以找到它们潜藏得比较深的其他例子；为了发现它们，往往需要非同寻常的洞察力。为了不让这些隐藏的类似逃脱，就是说为了成为一个发明者，解析家必须在不借助于感觉和想象的情况下，直觉到一项推理的一致性由什么构成，也可以这样说，它的灵魂和最深处的生命由什么构成。

当人们与埃尔米特先生谈论时，他从来也不乞灵于感觉图像，但是你立即就会察觉，最抽象的实体对他来说都像栩栩如生的存在一样。他虽然不目视它们，但心里却领悟出它们不是人为的集合物，它们具有某种内部统一的原则。

然而，有人会说，它还是直觉。我们能够得出最初所做出的区分仅仅是表面的，仅存在一种心智，所有的数学家都是直觉主义者，至少那些能够做出发明的数学家是直觉主义者这样的结论吗？

不能，我们的区分对应于某种实在的东西。我在上面已经说过，存在许多类型的直觉。我说过，严格的数学归纳法所渊源的纯粹数的直觉与作为主要贡献者的、被恰当地称之为想象的可觉察的直觉，是何等大相径庭。

把它们分隔开的鸿沟没有起初看到的那么幽深吗？稍加注意，我们能够辨认出这种纯粹直觉本身不借助于感觉就无法行动吗？这是心理学家和玄学家的事情，我不想讨论这个问题。此事虽未确定，但在分辨和坚持两种类型的直觉之间的基本差别方面，足以证明我是正确的；它们没有相同的对象，它们似乎发挥出我们心灵的两种不同的官能；人们也许会想象两盏探照灯，引导陌生人相互往来于两个世界的情景。

正是纯粹数的直觉、纯粹逻辑形式的直觉，启发和引导我们称之为**解析家**的人。就是这种直觉，不仅使他们能够证明，而且使他们能够发明。借助这种直觉，解析家一眼就察觉到逻辑大厦的总图，而且似乎在没有感觉介入的情况下也是这样。正如我们已经看到的，想象并非总是确实无误的，解析家在舍弃想象的帮助的情况下也能够勇往直前，而不担心上当受骗。因此，不要这种帮助而能够有所作为的人是幸运的！我们必须羡慕他们；可是，这样的人何其之少！

到那时，在解析家中间将有发明家，可是他们却寥寥无几。如果我们希望仅凭纯粹直觉放眼眺望，那么我们中的大多数人立即就会感到头晕目眩。由于我们软弱无力，我们需要更坚强的助手，而且不管我刚才讲的例外，敏感的直觉在数学中是最有用的发明工具依然是正确的。

谈到这些见解，又有一个问题提了出来，我既无暇解决它，甚或无暇就它所容许的发展阐述它。这就是，有做出新的区分、有在解析家中间区分出首先使用纯粹直觉的人和首先专注于形式逻辑的人的余地吗？

例如，我刚才列举的埃尔米特不能归之于几何学家之中，而他却使用可觉察的直觉；但是，他也不能恰当地称之为逻辑主义者。他毫不隐讳他对从一般开始、到特殊终结的纯粹演绎程序的反感。

第二章　时间的量度

I

只要我们不越出意识的范围，时间的概念相对而言是清楚的。我们不仅可以毫无困难地把现在感觉与过去感觉的记忆或将来感觉的期望区分开来，而且我们可以十分明确地知道，当我们谈到我们记忆的两个意识现象一个曾在另一个之前时，我们意味着什么；或者，当我们谈到两个预期的意识现象一个将在另一个之先时，我们意味着什么。

当我们说两个意识事实是同时的时候，我们意指它们相互之间深深地渗透，以至于分析在不肢解它们的情况下无法把它们分开。

我们排列意识现象的次序不容许任何任意性。它强加于我们，我们不能改变它。

我们想添加的意见仅有一点。对于已经变成能够在时间中进行分类的记忆的感觉集合物来说，它必须不再是现实的，我们必定会丧失它的无限复杂性的感觉，否则它将依然是现存的。可以说，它必须在观念结合中心的周围结晶，该中心将是某种类似于标签的东西。只有当它们这样丧失了全部生命时，我们才能够把我们的记忆在时间中分类，犹如植物学家把枯花排列在他的标本集中一样。

然而，这些标签在数目上只能是有限的。因此，心理的时间应当是间断的。在任何两个瞬时之间存在着其他瞬时的感觉从何而来呢？我们在时间中排列我们的回忆，但是我们知道，依然存在着空的间隔。假若时间不是预先存在于我们心智中的形式，那么此事如何发生呢？如果这些空的间隔只是由它们的内容向我们揭示出来的，那么我们怎样能够知道存在着空的间隔呢？

II

但是，这并非一切；我们希望不仅把我们自己意识的现象纳入这个形式中，而且也希望把作为其场所的其他意识的现象纳入这个形式中。不过，我们更希望把物理事实，即我们不知道我们用什么布满空间和意识无法直接发现的事实都纳入其中。这是必不可少的，因为没有它，科学便不会存在。简而言之，心理的时间已给予我们，我们必然需要创造科学的和物理的时间。困难就在这里出现了，更准确地说，这里有两个困难。

设想两个意识，它们像两个互不沟通的世界。我们有什么权利试图把它们纳入同一模型、用同一标准量度它们呢？这不是像人们力图用克量度长度、用米量度重量吗？而且，我们为什么要讲量度呢？我们也许知道某事实在另一事实之先，但是它在先**多少**，我们却一无所知。

因此，有两个困难：(1)心理的时间是定性的时间，我们能够把它变换为定量的时间吗？(2)我们能够把发生在不同世界的事实归之于同一量度吗？

III

第一个困难早就被注意到了；它曾经是长时期讨论的课题，人们可以说，该问题已被解决了。**我们没有两个时间间隔相等的直觉**。自信他们具有这种直觉的人是易受幻觉欺骗的人。当我说，从正午到一时所经过的时间与从二时到三时所经过的时间相同，这一断言有什么意义呢？

略加思索即可指出，它独自根本没有意义。只有通过确实具有某种程度任意性的定义，它才可以获得我愿意给予它的意义。心理学家能够在没有这个定义的情况下工作，物理学家和天文学家却不能；让我们看看他们如何处理吧。

为了量度时间，他们使用摆，他们通过定义假定，这个摆的全部节拍都是相等的持续时间。但是，这仅仅是一级近似；温度、空气阻力、大气压都使摆的步调变化。如果我们能够避免这些误差的来源，我们就会得到更为接近的近似值，但它还只是一种近似。迄今被忽略的原因有电的、磁的或其他的原因，它们可以引入十分微小的扰动。

事实上，最精密的计时装置也必须不时地校准，校准借助于天文观察来进行；可以做这样的安排：当同一恒星通过子午线时，恒星钟指示同一时刻。换句话说，正是恒星日，即地球旋转的周期，才是时间的恒定单位。通过用新定义代替建立在摆的节拍基础上的定义，人们假定地球绕地轴的两个完全的转动具有相同的持续时间。

不管怎样，天文学家还不满足于这个定义。他们中的许多人认为，潮汐像制动器一样作用于我们的行星，地球的转动变得越来越慢。这样就能说明月球运动的表观加速度，月球似乎运行得比理论所容许的更快，因为我们用以计时的地球正在变慢。

IV

有人会说，这一切并不重要；毫无疑问，我们的测量仪器是不完善的，但是我们足以想象出一种完美的仪器。这种理想无法实现，不过可以充分地设想它，同样也可以充分设想把严格性赋予时间单位的定义。

令人烦恼的并不在于定义的严格性。当我们利用摆量度时间时，我们隐含地承认什么公设了吗？**它就是，两个等价现象的持续时间是相同的**；或者，如果你愿意的话，也可以说相同的原因在相同的时间产生相同的结果。

乍看起来，这是两个持续时间相等的有效定义。不过，要当心。在某一天，实验不可能与我们的公设发生矛盾吗？

让我对自己说明一下。设在世界的某地发生现象 α，从而在某一时刻结束时引起结果 α'。在距离第一个地点十分遥远的世界另一地点发生现象 β，从而引起结果 β'。现象 α 和 β 是同时的，以至于结果 α' 和 β' 也是同时的。

其后，现象 α 在与以前近似相同的条件下重现，现象 β 也在该世界十分遥远的地点并且几乎在相同的环境下**同时**复现，结果 α'

和β'也重现了。让我假定，结果α'明显地在结果β'之前发生。

假使经验使我们目睹了这样的情景，那么这将与我们的公设发生矛盾。因为经验会告诉我们，第一个持续时间$\alpha\alpha'$等于第一个持续时间$\beta\beta'$，而第二个持续时间$\alpha\alpha'$却小于第二个持续时间$\beta\beta'$。另一方面，我们的公设必须要求两个持续时间$\alpha\alpha'$彼此相等，同样两个持续时间$\beta\beta'$也应该彼此相等。从经验推断出的相等和不等与从公设推断出的两个相等水火不容。

现在，我们能够断言我刚刚作出的假设是荒诞无稽的吗？它们一点也不与矛盾律背道而驰。毋庸置疑，在不违反充足理由律的情况下，它们似乎不会发生。但是，为了证明一个定义是根本的，我宁可选择其他某个保证。

V

但是，这并不是问题的全部。在物理实在中，一个原因并不产生一种结果，而是许多截然不同的原因共同产生它。我们没有任何办法区分每一个原因的作用。

物理学家力图做出这一区分；但是他们只能近似地做出，无论他们如何进步，他们也不能精确地做出。摆的运动唯一取决于地球的引力，这是近似真实的；但是，严格地说来，每一种引力，甚至天狼星的引力也作用在摆上。

在这些条件下，十分清楚，产生一定结果的原因只能近似地复现。于是，我们应该修正我们的公设和我们的定义。我们不应说："相同的原因在相同的时间产生相同的结果。"我们应该说："几乎等同的原因在几乎相同的时间产生几乎相同的结果。”

因此，我们的定义无非是近似的。而且，正如加利农（Galinon）先生在最近的学术论文中[①]十分公正地指出的：

> 地球旋转的速度是任何现象的一种情况；如果这个旋转速度变化，那么在这个现象复现时，就构成不再依然相同的情况。可是，假定这个旋转速度不变，就是假定我们知道如何量度时间。

因此，我们的定义还不能令人满意；当我在上面所说的天文学家断言地球的旋转正在减慢时，他们含蓄地采纳的定义肯定不是这个定义。

在他们看来，这个断言有什么意义呢？只有通过分析他们为其命题所提出的证据，我们才能够理解它。他们首先说，产生热的潮汐摩擦必定使活劲（vis viva）消灭。因此，他们祈求于活劲原理或能量守恒原理。

他们接着说，除非针对地球旋转减慢作出校正，否则按照牛顿（Newton）定律计算出的月球的长期加速度便会小于由观察推断出的加速度。因此，他们求助于牛顿定律。换句话说，他们用下述方式定义持续时间：时间应该如此定义，以使牛顿定律和活劲原理可以成立。牛顿定律是实验的真理；就这一点而论，它只不过是近似的，这表明，我们依然只有通过近似下定义。

如果现在假定，另一种度量时间的方法被采纳，牛顿定律赖以

---

① *Etude sur les diverses grandeurs*（《各种量的研究》），Paris，Gauthier-Villas，1897.

建立的实验依然具有相同的意义。只是该定律的表述不同而已，因为它被翻译为另一种语言；更不用说，它显然变复杂了。这样一来，天文学家毫无保留地采纳的定义可一言以蔽之曰：时间应该如此定义，以使力学方程式尽可能地简单。换句话说，没有一种度量时间的方法比另一种更真实；普遍采用的方法只不过是更**方便**而已。我们没有权利说两个时钟一个走得正常，另一个有毛病；我们只能够说，与第一个时钟的指示一致是有利的。

正如我已经说过的，刚才牵绊我们的困难经常被揭示出来；在考虑到这个困难的最新著作中，除了加利农先生的小册子之外，我愿提及昂德拉德（Andrade）的力学专题论文。

VI

第二个困难直到现在还没有引起更多的注意；可是它完全类似于前一个；即使从逻辑上看，我也应当首先谈谈它。

两个心理现象发生在两个不同的意识中；当我说它们是同时的，我意指什么呢？当我说发生在每一个意识之外的物理现象在心理现象之前或之后，我意指什么呢？

1572 年，第谷·布拉赫（Tycho-Brahe）在天空中注意到一颗新星。在遥远的天体发生了大爆炸；可是，它是在很早以前发生的；至少在两百年前，因为光从这一恒星到达地球需要这么长的时间。因此，这次大爆炸发生在美洲大陆发现之前。好的，我就说此事；由于该恒星的卫星大概无人居住，因而就这个也许没有目击者的壮观现象而论，当我说这个现象处在克里斯托弗·哥伦布

(Christopher Columbus)的意识中形成西班牙岛[①]的视觉图像之前时，我意味着什么呢？

稍加思索就可以充分地认识到，所有这些断言本身并没有意义。它们只有作为约定的结果才会有意义。

VII

我们首先应该扪心自问，人们怎么会有把如此之多互不渗透的世界纳入同一框架内的观念呢。我们希望向我们自己描述外部宇宙，而且唯有这样做，我们才感到我们理解了它。我们知道，我们从来也没有达到这种描述，因为我们太无能为力了。然而，我们至少期望能够设想出可以做出这种描述的全智全能的神明，它是一种能够洞察一切、能够**在它的时间中**进行分类的伟大意识，就像我们把我们看到的一鳞半爪**在我们的时间中**进行分类一样。

这个假设的确是粗糙的、不完整的，因为这个神明只不过是半神半人而已；在一种意义上它是无限的，而在另一种意义则是有限的，由于它对过去仅有不完善的记忆；它不会有其他记忆，要不然一切记忆对它来说都是现存的，从而它不会有时间。不过，当我们谈到时间时，就发生在我们之外的一切而论，我们不是无意识地采纳了这个假设吗？我们没有把我们自己放在这个不完美的神的位置上吗？假设神存在，甚至无神论者也把他们自己置于此神之位

① 西班牙岛(the isle of Española)属厄瓜多尔，位于东经 89°42′，南纬 1°25′。哥伦布是在 1492 年发现美洲大陆的。——中译者注

上了吗？

我刚才所说的也许已向我们表明，我们为什么要力图把一切物理现象都纳入同一框架内。但这不能被看做是同时性的定义，因为这个假想的神明即使存在，它对我们来说也是神秘莫测的。因此，有必要寻求另外的途径。

VIII

适用于心理的时间的普通定义已不再能使我们满足。两个同时的心理事实是如此密切地结合在一起，以至于解析在不破坏它们的情况下无法把二者分开。两个物理事实也是同样的吗？我的现在对于我昨天的过去不是比天狼星的现在更近吗？

也曾有人说过，当两个事实的相继顺序可以任意颠倒时，它们应该被视为是同时的。显而易见，这个定义不会适用于发生在相距很远之处的两个物理事实，在涉及它们时，我们甚至无法理解这种可逆性是什么；此外，相继本身必须首先定义。

IX

让我们接着试图考虑一下所谓同时或居先寓意何在，为此让我们分析几个例子。

我写了一封信；后来我的朋友读到我写给他的信。这两个事件就其发生的场所而言显现于两个不同的意识中。在我写这封信时，我有信的视觉映象，而轮到我的朋友读这封信时，他有同样的视觉映象。尽管这两个事实发生在互相隔绝的世界，但是我毫不犹豫地认为第一个事实在第二个事实之先，因为我相信第一个是第二个的原因。

我听到雷鸣，我得出结论说，发生了放电现象；我毫不犹豫地认为，该物理现象先于我的意识中觉察到的听觉印象，因为我相信闪电是雷鸣的原因。

然后，看看我们遵循的法则吧，我们只能遵循一个法则：当一个现象作为另一个现象的原因出现在我们面前时，我们认为它在前面。因此，我们正是通过原因来定义时间的；但是，当两个事实在我们看来似乎以恒定的关系结合在一起时，我们怎样辨认哪一个是原因、哪一个是结果呢？我们假定，在先的事实和居先是另一个事实的原因和结果的原因。此时，我们正是用时间定义原因的。怎样把我们自己从预期理由[①]中拯救出来呢？

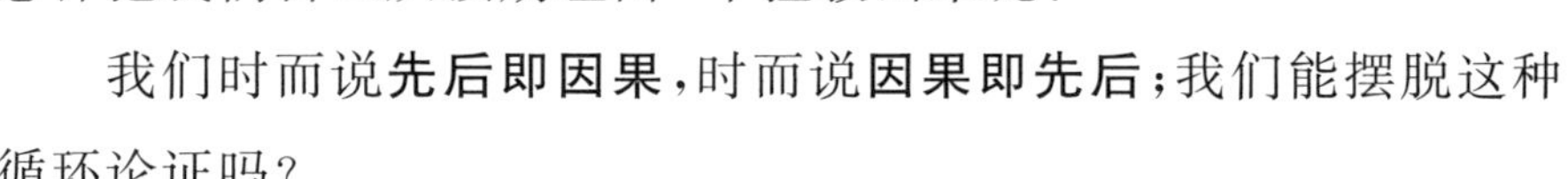

我们时而说**先后即因果**，时而说**因果即先后**；我们能摆脱这种循环论证吗？

X

我们要考察的不是我们如何成功地摆脱循环论证——因为我们不可能完全取得成功，而是要考察，我们怎样试图摆脱它。

我实行有意的行为 A，其后我感受到感觉 D，我认为它是行为

① Petition principli（预期理由），拉丁语，逻辑术语。预期理由是一种逻辑错误，它把尚待证明的判断作为证明论题的论据。预期理由又称“窃取论点”或“丐词”。——中译者注

A 的结果；另一方面，由于无论什么理由，我推断出，这个结果不是直接的，而是在我的意识之外，由我没有目睹的两个事实 B 和 C 偶然发生而引起的，按这样的方式，B 是 A 的结果，C 是 B 的结果，而 D 则是 C 的结果。

可是，其根据何在呢？如果我认为，我有理由把四个事实 A、B、C、D 视为用因果关联相互结合在一起，那么为什么要按因果顺序 $ABCD$ 排列它们，同时按时间顺序 $ABCD$ 排列它们，而不按任何其他顺序排列它们呢？

我清楚地看到，在行为 A 中，我有主动之感，而在经受感觉 D 时，我有被动之感。这就是为什么我认为 A 是初始原因而 D 是最终结果；这就是为什么我把 A 放在链的始端而把 D 放在链的终端；但是，为什么把 B 放在 C 之前，而不把 C 放在 B 之前呢？

倘若这个问题提出来，答案通常是：C 的原因正好是 B，因为我们**总是**看到，B 发生在 C 之前。当我们目睹这两个现象时，它们按某一顺序发生；当类似的现象在我们未目睹它们的情况下发生时，没有把这个顺序颠倒的理由。

可是，无疑要谨慎小心；我们永远也不能直接认识物理现象 B 和 C。我们认识的是 B 和 C 各自产生的感觉 B' 和 C'。我们的意识直接告诉我们，B' 在 C' 之先，于是我们**假定**，B 和 C 按同一顺序相继发生。

事实上，这个法则似乎是很自然的，可是我们往往不得不违反它。我们只是在乌云放电之后数秒钟才听到雷声。有两个闪电，一个远，另一个近，尽管第二个闪电的声音在第一个闪电的声音之前传到我们这儿，但是第一个闪电不能先于第二个闪电吗？

XI

还有另一个困难；我们真有权利谈论一个现象的原因吗？如果宇宙的所有部分在某种程度上相互连锁，那么任何一个现象将不可能是单一原因的结果，而是不可胜数的原因的结果；人们常说，一个现象是在某一时刻之前整个宇宙状态的结果。适用于如此复杂的情况的法则怎样表述呢？可是唯有这样，这些法则才可能是普遍的和严格的。

不要在这一无限的复杂性中晕头转向，让我们做一个比较简单的假设。例如，考虑三个星球：太阳、木星和土星；为了更简单起见，让我们把它们简化为质点，并把它们与世界的其余部分隔离开来。三个天体在给定时刻的位置和速度足以决定它们在下一个时刻的位置和速度，从而足以决定它们在任何时刻的位置和速度。它们在时刻 t 的位置决定它们在时刻 $t+h$ 的位置以及在时刻 $t-h$ 的位置。

甚至可以更进一步：木星在时刻 t 的位置与土星在时刻 $t+a$ 的位置一起决定木星在任何时刻的位置和土星在任何时刻的位置。

木星在时刻 $t+e$ 和土星在时刻 $t+a+e$ 所占据的位置的集合，通过像牛顿定律那样精确、但却比它复杂的定律，与木星在时刻 t 和土星在时刻 $t+a$ 所占据的位置的集合结合在一起。那么，为什么不把这些集合中的一个视为另一个的原因——这会导致认为木星的时刻 t 和土星的时刻 $t+a$ 是同时的——呢？

的确，在答案中只能够有方便和简单的理由，这是十分强有力的。

XII

可是，让我们举些不怎么人为的例子；为了理解学者隐含地假定的定义，让我们观看一下他们正在做的工作，寻找一下他们研究同时性所依据的法则。

我将举两个简单的例子：光速的测量和经度的确定。

当一位天文学家告诉我，他的望远镜此刻向他揭示出的某一恒星现象不过是在50年前发生的，我寻思他的意思，为此我将首先反问他，他是如何了解到这一点的，也就是说，他是如何测量光速的。

他以下述**假定**开始：光具有不变的速度，尤其是，光速在所有方向都是相同的。这是一个公设，没有这个公设，便不能试图量度光速。这个公设永远无法直接用实验证实；如果各种测量结果不一致，那么它必然与之矛盾。我们应当认为我们自己是幸运的，因为这种矛盾没有发生，可能发生的轻微的不一致能够很容易地加以说明。

无论如何，类似于充足理由律的这个公设已被每一个人接受；我想强调的是，它向我们提供了研究同时性的新法则，这个新法则与我在上面所描述的法则截然不同。

在采取这个公设后，让我们看看，光速如何测量。你知道，罗麦（Roemer）利用木星的卫星食，察看该事件滞后于卫星食预言多少。但是，这个预言是怎样做出的呢？它是借助于天文学定律做出的，例如牛顿定律。

如果我们认为光速具有与所采用的数值稍许不同的数值，并假定牛顿定律仅仅是近似的，那么观察到的事实此时不能完满地说明吗？能够说明，只不过这会导致用另一个更复杂的定律代替牛顿定律。就光速而言，数值这样来选定，以便使适合于这个数值的天文学定律尽可能简单。当航海家或地理学家确定经度时，他们恰恰必须解决我们正在讨论的问题；他们不在巴黎，但他们却不得不计算巴黎时间。他们怎样完成这一任务呢？他们携带着与巴黎时间相符合的计时设备。同时性的定性问题取决于时间度量的定量问题。我不需要处理与后一个问题有关的困难，因为我在上面已详细地强调了它们。

或者，他们观察天文现象，例如观察月食，他们假定，这个现象从地球的所有地点同时可以看到。这不完全正确，因为光的传播不是瞬时的；如果要求绝对的精确，那就应该按照复杂的法则进行矫正。

或者，他们最后利用电报。首先十分清楚，例如，在柏林接收到信号迟于从巴黎发送同一信号。这就是上面分析过的因果法则。但是，迟多少呢？一般说来，传送的持续时间被略而不计，两个事件被看做是同时的。不过，为严格起见，还应当通过复杂的计算进行一点修正；实际上并没有这样做，因为矫正完全处在观察误差范围之内。从我们的观点来看，矫正的理论上的必要性依然存在，这种必要性是严格的定义所要求的。从这一讨论出发，我想强调两件事：(1)所使用的法则是各种各样的。(2)很难把同时性的定性问题与时间度量的定量问题分离开来；无论是利用时计，还是采用像光速那样的传播速度进行计算，情况都是如此，因为若不量度时间，这样的速度也不能测量。

XIII

结论是：我们既没有同时性的直觉，也没有两个持续时间相等的直觉。假使我们认为我们有这种直觉，这不过是幻想而已。我们借助于某些法则代替直觉，我们几乎总是应用这些法则而不重视它们。

但是，这些法则的本性是什么呢？既没有普遍的法则，也没有严格的法则；几乎没有多少法则适用于每一个特例。

这些法则并未强加在我们身上，我们可能对发明其他法则感兴趣；但是，只要法则不使物理学、力学和天文学的定律阐明大大复杂化，它们就不会被抛弃。

因此，我们之所以选择这些法则，并不是因为它们是真实的，而是因为它们是最方便的。我们可以把它们概括如下："两个事件同时，或者它们的相继顺序，两个持续时间相等，是这样来定义，以使自然定律的表述尽可能简单。换句话说，所有这些法则、所有这些定义，只不过是无意识的机会主义的产物。"

第三章　空间的概念

1. 引言

在我迄今专论空间的文章中，我尤为强调非欧几何学所引起的问题，而把其他比较难以研究的问题，例如有关维数的问题，几乎完全撇在一边。我考虑的所有几何学皆以三维连续统为公共基础，而三维连续统对所有几何学都相同，仅因人们在其中所画图形或当人们想要度量它时，它本身才有所分化。

在这个本来是无定形的连续统中，我们可以设想线和面的网络，然后我们可以一致认为，这个网的网格彼此相等，只有在这一约定之后，这个变得可度量的连续统才变为欧几里得空间或非欧空间。因此，两种空间中的这个或那个能够中立地从这一无定形的连续统中产生出来，犹如在一张空白纸上可以中立地画直线或圆一样。

我们知道，在空间中有内角之和等于两直角的直线三角形；但是，我们同样也知道有内角之和小于两直角的曲线三角形。一种的存在并不比另一种的存在可疑。若称前者之边为直线，则采用的是欧几里得几何学；若称后者之边为直线，则采用的是非欧几何学。这样一来，询问采用什么几何学合适就是询问把什么线称为直线合适吗?

很明显,实验不能解决这样的问题;例如,人们不应当询问,实验决定我该称 AB 为直线,还是该称 CD 为直线。另一方面,我也不能说,我没有权利把直线的名称给予非欧三角形之边,因为它们与我们直觉到的直线的永恒观念不一致。当然,我姑且承认,我有欧几里得三角形之边的直觉观念,可是我同样有非欧三角形之边的直觉观念。为什么我有权利把直线的名称用于第一种观念,而不用于第二种观念呢?这个片言在何处形成这个直觉观念的组成部分呢?显然,当我们说欧几里得直线是**真实**直线而非欧直线不是真实直线时,我们只不过意味着,与第二种直觉观念相比,第一种直觉观念对应于**更为值得注意**的对象。但是,我们怎样决定这个对象是更为值得注意的呢?我在《科学与假设》中已研究过这个问题。

在这里,我们看到经验介入了。如果欧几里得直线比非欧直线更为值得注意,这主要是因为它与某些值得注意的自然对象相差无几,而非欧直线却与这些对象大相径庭。但是,可以说,非欧直线的定义是人为的;如果我们暂且采用它,我们将看到,两个不同半径的圆获得了非欧直线的名称,而两个相同半径的圆,一个能够在另一个不能满足它的情况下满足该定义;如果此时我们把这些所谓的直线之一不变形地加以移动,它将不再是直线。但是,我们凭什么权利把这两个图形——欧几里得几何学把它们称为具有同一半径的两个圆——看做是相等的呢?这正是因为,通过把它们中的一个不变形地移动,我们能够使它与另一个重合。为什么我们说这一移动要在不变形的情况下实现呢?要给它一个健全的理由是不可能的。在所有可想象的运动中，有一些运动欧几里得几何学家说它们不伴随变形；而另一些运动非欧几何学家却会说它们不伴随变形。在第一种运动中，即在所谓的欧几里得运动中，欧几里得直线依然是欧几里得直线，而非欧直线并非保持非欧直线；在第二种运动中，或者说在非欧运动中，非欧直线依然是非欧直线，而欧几里得直线并非保持欧几里得直线。因此，无法证明，把直线称为非欧三角形之边是没有根据的；不过可以指出，如果人们继续把欧几里得运动称为没有变形的运动，那是毫无道理的；但是，同时还可以表明，如果非欧运动被称之为无变形的运动，那么把直线称为欧几里得三角形之边同样是毫无道理的。

现在，当我们说欧几里得运动是无形变的**真实**运动时，我们想说什么呢？我们只是说它们比其他运动**更为值得注意**。为什么它们更为值得注意呢？这正是因为某些值得注意的天然物体即固体经历几乎类似的运动。

人们能够想象非欧空间吗？当我们接着问这个问题时，这就是意味着，我们能够想象这样一个世界——在这个世界上，值得注意的自然对象几乎倾向于非欧直线的形状，值得注意的天然物体频繁地经历几乎类似于非欧运动的运动——吗？我在《科学与假设》中已经表明，对这个问题必须做肯定的回答。

人们往往注意到，假如宇宙中的所有物体同时以同一比例膨胀，我们便无法觉察这一事实，因为我们的所有测量仪器像被量度的对象本身一样同时增大。在膨胀之后，这个世界按照它的进程继续运行，如此非同寻常的事件我们居然一无所知。换句话说，两个相互类似的（该词类似于欧几里得几何学第 VI 编的意义）世界将绝对不可区分。但是,事情不止于此;不仅在世界相等或类似的条件下,即在我们通过改变坐标系或改变与长度有关的标尺从一个世界到达另一个世界的条件下,世界是不可区分的;而且在通过任何“点变换”从一个世界到另一个世界的条件下,它们还将是不可区分的。我想说明一下我的意思。我假定,一个世界的一点且是唯一的点与另一个世界的每个点对应,反之亦然;此外,一点的坐标是对应点的连续函数,**在其他方面完全是任意的**。我还假定,在第二个世界中,恰恰处于对应点的具有同一本性的对象对应于第一个世界的每个对象。我最后假定,在初始时刻满足的这个对应关系被无限期地保持下去。我们便无法把这两个世界彼此区分开来。**空间的相对性**通常没有在如此广泛的意义上理解;无论如何,这样理解它是正当的。

如果这些宇宙之一是我们的欧几里得世界,它的居民习惯称谓的直线将是我们的欧几里得直线;但是,第二个世界的居民习惯称谓的直线却是曲线,这种曲线相对于他们所居住的世界和他们习惯称谓无形变运动为运动来说,具有相同的特性。因此,他们的几何学将是欧几里得几何学,而他们的直线并非我们的欧几里得直线。所谓从我们的世界转移到他们的世界的点变换,就是它的变换。这些人的直线将不是我们的直线,但是它们彼此之间的关系与我们的直线相互之间的关系相同。正是在这个意义上,我说他们的几何学将是我们的几何学。于是,如果我想最后宣布,他们欺骗他们自己,他们的直线不是真实直线,如果我们还不愿意承认这样的主张毫无意义的话,那么我们至少必须坦白,这些人没有任何方法辨认他们的错误。

2. 定性几何学

所有这一切相对说来都易于理解，我已经多次重复了，我想不需要进一步详述这个问题了。欧几里得空间不是强加于我们感觉的形式，由于我们能够想象非欧空间；但是，两种空间——欧几里得空间和非欧空间——均以我在开始提到的无定形连续统作为共同的基础。从这种连续统出发，我们或者能得到欧几里得空间，或者能得到罗巴契夫斯基（Lobachevsky）空间，犹如我们在未标度的温度计上刻画适当的刻度，把它做成华氏（Fahrenheit）温度计或列氏（Réaumur）温度计一样。

于是，又出现了一个问题：这种无定形的连续统——我们的分析容许它幸存——是强加于我们感觉的形式吗？倘若如此，我们应该扩大拘禁我们感觉的监牢，但是它总是一个监牢。

这种连续统具有被免除所有测量观念的若干特性。研究这些特性是科学的对象，许多大几何学家，尤其是黎曼和贝蒂（Betti）培植了它，它得到了拓扑学的名称。在这门科学中，抽象是由每一个定量观念组成的，例如，如果我们断言，在一条线上，点 B 在点 A 和点 C 之间，我们将满足这一断言，至于线 ABC 是直线还是曲线，抑或长度 AB 等于长度 BC 还是它的两倍大，不必费心去了解。

因此，拓扑学的定理具有这种特色，即使图形由不熟练的制图员描画，他严重地改变了所有的比例，他把直线画得弯弯曲曲，但是定理依然为真。用数学术语来讲，没有用任何“点变换”来改变它们。人们往往说，度量几何学是定量几何学，而射影几何学则是纯粹定性的。这不完全为真。直线还是能用在一些方面依然具有定量的特性与其他线区别开来。因此，真正的定性几何学是拓扑学。

关于欧几里得几何学真理所提出的同一问题，在拓扑学的定理中被重新提了出来。它们能够通过演绎推理得到吗？它们隐蔽了约定吗？它们是实验的真实性吗？它们是或者强加于我们感性、或者强加于我们知性的形式的特征吗？

我只希望注意，最后两个解答是互不相容的。我们不能同时承认，设想四维空间是不可能的和经验向我们证明空间有三维。实验家向自然提出一个问题：它是这个还是那个？在没有设想二者择一的两个措词的情况下，他无法表述它。如果无法设想这些措词之一，那么诉诸经验既无用，也不可能。无须观察就可以知道，时钟的指针在表面没有指示 15 时，因为我们预先知道只有 12 时，我们也无须查看指针是否在 15 的刻度处，因为根本就没有这个刻度。

同样也要注意，在拓扑学中，经验论者摆脱了能够把他们难倒的一个最严重的反对理由，摆脱了使他们把自己的论点用于欧几里得几何学真实性的全部努力事先绝对落空的困境。欧几里得几何学的真实性是严格的，而实验仅仅是近似的。在拓扑学中，近似的实验足以给出严格的定理；例如，如果人们看到空间既不能有两维，也不能小于两维，或者既不能有四维，也不能大于四维，那么我们可以肯定，它严格地有三维，由于它不会有两维半或三维半。

在拓扑学的所有定理中，最重要的是在谈到空间有三维时所阐述的定理。这就是我正准备考虑的东西，我想用这句话提出问题：当我们说空间有三维时，我们意味着什么呢？

3. 多维物理连续统

我在《科学与假设》中已说明过，我们从何处推导出物理连续统的概念，数学连续统的概念怎样由它产生。正巧，我们能够相互区分两种印象，而无法把每一个与第三个区分开来。例如，我们能够毫无困难地把 12 克的重物与 10 克的重物区别开来，而 11 克的重物既不能与 12 克的重物区别开来，也不能与 10 克的重物区别开来。把这样一个陈述翻译成符号，则可以写为：

$$A = B, B = C, A < C.$$

这就是物理连续统的公式，虽然粗糙的经验把它给予我们，但是由此却产生了无法容忍的矛盾，只有引入数学连续统方能消除这个矛盾。这就是其步骤（有公度数和无公度数）在数目上是无限的但却互为外部的尺度，这些步骤不像与前述公式一致的物理连续统的元素那样互相侵犯。

可以说，物理连续统犹如无法分辨的星云；最完善的仪器也不能成功地分辨它。毫无疑问，如果我们不用手判断重量，而用可靠的天平来称量重量，那么我们便能把 11 克的重物与 10 克的重物和 12 克的重物区别开来，我们的公式变成：

$$A < B, B < C, A < C.$$

但是，我们总可以在 A 和 B 之间、B 和 C 之间找到新元素 D 和 E，这样一来

$$A = D, D = B, A < B; B = E, E = C, B < C,$$

困难只不过向后退去，星云依然无法分辨；唯有心智才能够分辨它，正是作为精神产物的数学连续统把星云分解为恒星。

不过，到这时我们还没有引入维数的概念。当我们说数学连续统或物理连续统有两维或三维时，这意味着什么呢？

要研究物理连续统，我们首先必须引入截量的概念。我们已经看到，物理连续统的特征是什么。这个连续统的每一个元素都由印象流形组成；可以发生下面两种情况：或者，一个元素不能与同一连续统的另一个元素区分开来，倘若这个新元素对应于差别不大的印象流形；或者相反地，区分是可能的；最后，两个元素与第三个不可区分，不过它们却可以相互区分，这种情况也可能发生。

设 A 和 B 是连续统 C 的两个可区分的元素，可以找到都属于同一个连续统 C 的元素系列 $E_1, E_2, \cdots\cdots E_n$，于是它们中的每一个与先前的都不可区分，$E_1$ 与 A 不可区分，E_n 与 B 不可区分。因此，我们可以沿着一条连续的路线从 A 走到 B，而且不离开 C。如果这个条件对连续统 C 的任何两个元素 A 和 B 都满足，我们就可以说，这个连续统 C 是完全连在一起的。现在，让我们区分 C 的某些元素，这些元素或者都可以相互区分，或者它们本身形成一个或几个连续统。在 C 的所有元素中，这样任意选择的元素的集合物将形成我所谓的一个或多个**截量**。

在 C 中取任何两个元素 A 和 B。我们或者能找到这样的元素系列 $E_1, E_2, \cdots\cdots E_n$；以至于(1)它们都属于 C；(2)它们的每一个都与接着的元素不可区分，E_1 与 A 不可区分，E_n 与 B 不可区分；(3)**此外，没有一个元素 E 与截量的任何元素不可区分**。或者相反，在满足头两个条件的每一个系列 E_1，E_2，……E_n 中，将存在元素 E，它与该截量的元素之一不可区分。在第一种情况下，我们能够通过一条连续的路线从 A 走到 B，同时不离开 C，也**不遇到截量**；在第二种情况下则不可能。

对于连续统 C 的任何两个元素 A 和 B 而言，如果这时总是呈现出第一种情况，我们将说，尽管有截量，C 依然是完全连在一起的。

例如，倘若我们按某一方式选择截量，而在其他方面则是任意的，那么连续统或者依然是完全连在一起的，或者它不再完全连在一起；在后一假设中，我们将说它被截量**分割**。

要注意，所有这些定义在提出时是唯一地从这个十分简单的事实中构造出来的，两个印象流形有时能够区分，有时不能够区分。假定要**分割**一个连续统，如果足以把相互都不可区分的若干元素视为截量，我们就说这个连续统是**一维的**；相反地，要分割一个连续统，如果必须把形成一个或多个连续统的元素本身的系统视为截量，我们就说这个连续统是**多维的**。

要分割一个连续统 C，如果形成一个或多个一维连续统的截量就足够了，我们便说 C 是**二维**连续统；如果形成一个或多个至多是二维连续统的截量就足够了，我们便说 C 是**三维**连续统；如此等等。

为了证明这个定义是正当的，最好审查一下几何学家是否在他们工作的开始用这种方法引入三维概念。现在，我们看到什么呢？通常，他们是这样开始的：把面定义为立体或空间的部分的边界，把线定义为面的边界，把点定义为线的边界，而且他们坚决主张，同一程序不能够进一步推下去。

这正好是上面给出的观念：为了分割空间，需要称之为面的截量；为了分割面，需要称之为线的截量；为了分割线，需要称之为点的截量；我们不能进一步走下去，点不能被分割，所以点不是连续统。于是，能够被不是连续统的截量分割的线将是一维连续统；能够被一维的连续截量分割的面将是二维连续统；最后，能够被二维连续截量分割的空间是三维连续统。

这样看来，我刚才所下的定义与通常的定义基本上没有差别；我只不过是给它一种不适用于数学连续统的形式，而给它以适用于物理连续统的形式，只有物理连续统的形式易被表象，并且还保持它的全部精确性。此外，我们看到，这个定义不仅仅适用于空间；在处于我们感官下的一切事物中，我们都发现物理连续统的特征，这便容许相同的分类；在前述定义的意义上，很容易找到四维、五维连续统的例子；这样的例子是心智自然而然地想到的。

最后，如果我有时间的话，我应该说明一下，我上面谈到的、黎曼称之为拓扑学的这门科学教导我们在同一维数的连续统之间进行区分，这些连续统的分类也建立在截量考虑的基础上。

从这一概念产生出多维数学连续统的概念，其方法与一维物理连续统产生一维数学连续统的方法相同。公式

$$A > C, A = B, B = C$$

概括了粗糙经验的材料，它隐含着无法容忍的矛盾。为了摆脱这个矛盾，有必要引入新概念，但是依然保留多维物理连续统的基本特征。容许其分割在数目上是无限尺度的一维数学连续统，对应于同样大小的有公度的或无公度的值。要得到 n 维数学连续统，

只要取 n 个相同的尺度，使其分割对应于称之为坐标的 n 个独立的量的不同值就足够了。从而，我们将有 n 维物理连续统的图像，在做出不允许我上面讲过的矛盾这一决定之后，这个图像将像它事实上能够的那样可信。

4. 点的概念

现在，情况似乎是，我们在开始向我们提出的问题得到了解答。当我们说空间有三维时，这就是说，我们意指空间的点的流形满足我们刚才给予的三维物理连续统的定义。只有设想我们知道什么是空间的点的流形，甚或什么是空间的一个点时，我们才会心满意足。

目前，事情并非像人们设想的那样简单。每一个人都自信他知道点是什么，正因为我们对它了解得过于彻底，我们才认为不需要定义它。的确，我们不能要求知道如何定义点，因为在从定义追溯定义中，我们必须停顿下来的时刻必将到来。但是，我们何时应该止步呢？

首先，当我们达到处于我们感官之下的对象或能够想象出这个对象时，我们将停步不前；于是定义将变得毫无用处；我们没有给小孩定义羊；我们对他说：看这只羊。

然后我们应该问问自己，是否可以这样来想象空间的点。那些回答是的人没有考虑，他们实际上想象的是用粉笔在黑板上所画的白点或用钢笔在白纸上所画的黑点，他们只能想象对象，或者确切地讲，只能想象这个对象在他们的感官上造成的印象。

当他们企图想象点时，他们想象的是十分微小的对象使他们感觉到的印象。不需要进而说两个不同的对象——尽管二者很小——可以产生迥然不同的印象，但是我不愿详细讲述这个困难，这还需要做一些讨论。

但是，它还不是那个问题；描述**一个**点并不充分，必须描述**一个确定的**点，并且有办法把它与**其他**点区别开来。事实上，我们可以把我上面陈述的法则用于连续统，人们借助这些法则能够分辨出连续统的维数，我们必须依赖这个连续统的两个元素有时能区分开、有时不能区分开的事实。因此，在某些情况下，我们有必要了解如何想象**一个特定**的元素，如何把它与**其他**元素区分开来。

问题在于了解，我一小时前想象的点与我现在想象的这个点是相同的点，或者它是不相同的点。换句话说，我们如何知道，物体 A 在时刻 α 所占据的点是否与物体 B 在时刻 β 所占据的点是同一点，或者更明确地讲，这意味着什么？

我坐在我的房间里；一个物体放在我的桌子上；在一秒钟内，我没有动，也没人接触该物体。我被诱使说，这个物体在这一秒之初所占据的点 A 与它在这一秒之末所占的点 B 相同。根本不是这样；从 A 点到 B 点是 30 千米，因为该物体被携带着和地球一起运动。我们无法知道，一个不管是大是小的物体是否不改变它在空间中的绝对位置，我们不仅不能断言它，而且这一断言毫无意义，在任何情况下都不能与任何表象对应起来。

但是，我们可以接着问我们自己，一个物体对于另一个物体的相对位置是否变化了，而且首先要问这个物体对于我们身体的相对位置是否变化了。如果这个物体给我们造成的印象没有变化，我们将倾向于断定，二者都未改变这个相对位置；如果印象变化了，我们将断定，这个物体或者状态变化了，或者相对位置变化了。依然要确定两个中的哪一个变化了。我在《科学与假设》中已说明过，我们怎样被引导去区分位置变化。而且，我想进一步回到这个问题上。因此，我们终于了解到，物体对于我们身体的相对位置是否依然相同。

如果我们现在看到，两个物体相对于我们的身体保持它们的相对位置，那么我们就得出结论说，这两个物体彼此之间的相对位置没有变化；但是，我们仅仅是依据间接的推理达到这个结论的。我们直接知道的只不过是物体相对于我们身体的相对位置。**更加毋庸置疑的是**，仅仅依据间接的推理，我们认为我们知道（而且，这种自信是虚妄的）物体的绝对位置是否变化了。

简而言之，我们自然而然地使所有外部物体参照的坐标系是与我们的身体恒定地密切结合的坐标系，它随着我们一起移动。

不可能想象绝对空间；当我力图想象物体和我自己同时在绝对空间运动时，我实际上想象我自身不动，似乎各种物体和在我之外、名曰我的人绕着我运动。

如果我们使每一种事物都参照与我们身体密切结合的坐标轴，困难会得到解决吗？而且，我们能知道用事物相对于我们自己的相对位置来定义的点是什么吗？许多人将回答能，并且说坐标轴“定域”外部对象。

这意味着什么呢？定域对象仅仅意味着想象必须接近它的动作。我愿说明我的意思。这不是描述在空间中动作本身的问题，而仅仅是想象伴随这些动作的、不以空间概念的预先存在为先决条件的肌肉感觉。

假如我们设想，两个不同的对象相对于我们自己相继占据同一相对位置，这两个对象给我们造成的印象将迥然不同；如果我们把它们定域在同一点，这只不过是因为，必须做出相同的动作才能达到它们；除此之外，人们不能直接看到它们会有共同之处。

但是，在给定一个对象后，我们能够设想同样使我们到达它的许多不同的动作系列。此时，如果我们通过想象使我们达到这一点的动作所伴随的肌肉感觉系列来想象一个点，那么将存在想象同一点的许多完全不同的方式。倘若人们不满意这个解决办法，例如希望除肌肉感觉而外，再引入视觉，这便多了一两个想象这同一点的方式，只不过增大了困难而已。在任何情况下，都要提出下述问题：我们为什么认为，如此相互不同的表示还能描述同一点？

另外尚需注意，我刚才说过，我们自然而然地使外部对象参照于我们自己的身体；我们携带着作为空间所有点的参照物的坐标系处处与我们一起移动，这个坐标系好像与我们的身体恒定地联系在一起。我们应该注意，严格地讲，我们不能说与我们的身体恒定地结合的坐标系，除非我们身体各个部分本身相互之间恒定地结合。由于情况并非如此，所以在把这些虚构的坐标系作为外部对象的参照物之前，我们应当假定我们身体恢复到原来的姿势。

5. 位移的概念

在《科学与假设》中，我已经表明，我们身体的动作在空间概念的起源中起了举足轻重的作用。对于完全不能动的生物而言，既不会有空间，也不会有几何学；外部对象在它周围徒然地移动着，这些位移在他的印象中所引起的变化不会被这种生物归咎于位置的变化，而只会归咎于状态的变化；这种生物无法把这两种变化区别开来，这种区别对我们来说是根本的，而对它则没有意义。

我们迫使我们身体器官所做的动作作为一种作用，招致外部对象在我们感官上产生的印象发生变化；其他原因同样可以使印象变化；但是，我们被引导区分我们自己的运动所产生的变化，我们由于两个理由容易分辨它们：(1)因为它们是随意的；(2)因为它们被肌肉感觉所伴随。

这样看来，我们自然而然地把我们的印象可能经受的变化分为两个范畴，我也许给它们取的是不恰当的名称：(1)内部变化，这种变化是随意的，被肌肉感觉所伴随；(2)外部变化，它具有相反的特征。

于是我们看到，在外部变化中，有一些能够被矫正，因为内部变化使一切恢复到原来的状态；另一些则不能用这种方式矫正(情况是这样：当外部对象被移动时，这时我们可以通过改变我们自己的位置，相对于这个对象恢复到与以前相同的相对位置，以便建立原先的印象集合；如果这个对象没有被移动，但是它的状态变化了，那是不可能的)。由此在外部变化中出现了新的区分：能够被这样矫正的外部变化，我们称之为位置变化；其余的称之为状态变化。

例如，设想一个一半为蓝、另一半为红的球；首先，它的蓝半球呈现在我们面前，接着这样旋转，使它的红半球呈现在我们面前。现在，设想一个盛蓝色液体的球形瓶，它由于化学作用而变成红色。在两种情况下，红色的感觉代替了蓝色的感觉；我们的感官经历了相同的印象，这些印象按同一顺序相互发生，可是我们却认为这两个变化大相径庭；第一个是位移变化，第二个是状态变化。为什么呢？因为在第一种情况下，对我来说，只要转动球，就足以使蓝半球对着我，重建原来的蓝色感觉。

还有更多的东西；如果两半球不是红色和蓝色，而是黄色和绿色，我们应当怎样解释球的翻转呢？刚才，红色接着蓝色发生，现在是绿色接着黄色发生；然而，我却说两个球经受了相同的翻转，每一个都绕着它的轴转动；可是我不能说，绿和黄的关系与红和蓝的关系是一样的；那么，我是怎样被导致判定两个球经历了**相同的**位移呢？显然因为，在一种情况像在另一种情况一样，我都能通过转动球做同样的动作，重建原来的感觉，而且我知道，我做了相同的动作，因为我感知到相同的肌肉感觉；因此，要了解它，我不需要预先知道几何学，不需要想象我的身体在几何学空间中的动作。

另一个例子是：一个对象在我眼前移动；它的图像开始在视网膜的中央形成；接着在视网膜的边缘形成；过去的感觉通过终止于视网膜中央的一个神经纤维传达给我；新出现的感觉通过起始于视网膜边缘的**另一个**神经纤维传达给我；这两个感觉在质上不同；要不然，我怎么能够区分它们呢？

再者，我为什么被导致决定这两个质上不同的感觉表示被移动的同一图像呢？这是因为我**能够用眼睛追踪对象**，通过眼睛随意的、被肌肉感觉所伴随的位移，使图像恢复到视网膜中央，重建原来的感觉。

我假定，红色对象的图像从视网膜的中央 A 移到边缘 B，接着蓝色对象的图像循序从视网膜的中央 A 移到边缘 B，我应该决定，这两个对象经历了**相同**的位移。为什么呢？因为在两种情况下，我能够建立原来的感觉，为了做到这一点，我不得不使眼睛实施**相同的**动作，我之所以知道我的眼睛实施了相同的动作，是因为我感知到**相同的**肌肉感觉。

假使我的眼睛不会运动，我会有什么理由假定，视网膜中央的红色感觉和视网边缘的红色感觉的关系与视网膜中央的蓝色感觉和视网膜边缘的蓝色感觉的关系相同呢？我只不过有四个质的不同的感觉而已；如果要问我，它们是否按我刚才陈述的比例关联在一起，这个问题在我看来似乎是滑稽可笑的，犹如有人问我，在听觉、触觉和嗅觉之间是否存在着类似的比例。

现在，让我们考虑一下内部变化，即由我们身体的随意动作产生的、被肌肉感觉所伴随的变化。它们导致了以下这两个观察，这两个观察类似于我们刚刚针对外部变化的对象所做的观察。

1. 我可以假定，我的身体从一点运动到另一点，但却保持着相同的**姿势**；因此，我身体的各部分保持或恢复了同一**相对**位置，尽管它们在空间中的绝对位置可以改变。我可以假定，不仅我身体的位置变化了，而且身体的姿势也不再相同，例如我的臂膀先前弯曲而现在伸直了。

因此，我应该区分姿势不变的简单位置变化和姿势变化。在我看来，二者都属于肌肉感觉形式。那么，我怎样被引导区分它们呢？正是前者，可以用来矫正外部变化，而后者却不能，或者至少只能给出不完善的矫正。

我着手说明这一事实，正像我向已经通晓几何学的人说明它一样，但是不要由此得出结论说，要做出这一区分必须已经通晓几何学；在通晓几何学之前，我虽则未能说明该事实，但是（可以说在实验上）却确定了它。不过，只是为了在两类变化之间做出区分，我不需要**说明**该事实，**确定**它就使我心满意足了。

无论情况如何，说明是容易的。假定外部对象被移动；如果我们希望我们身体的不同部分相对于这个对象恢复到它们初始的相对位置的话，那么这些不同部分彼此之间必须同样地恢复它们的初始相对位置。只有满足这后一个条件的内在变化才能够矫正由那个对象位移产生的外部变化。因此，如果我的眼睛相对于我的手指的相对位置变化了，那么我还能使眼睛相对于该对象移到它的初始相对位置，并如此重建原来的视觉，但此时手指相对于该对象的相对位置将发生变化，触觉将无法重建起来。

2. 我们同样确定，相同的外部变化可以被相应于不同肌肉感觉的两个内部变化矫正。在这里，我能够在未通晓几何学的情况下再次确定这一点；我不需要其他任何东西；但是我使用几何学语言着手对该事实做出说明。为了从位置 A 到位置 B，我可以采取几条路线。肌肉感觉系列 S 将对应于第一条路线；另一个肌肉感觉系列 S''——一般说来是完全不同的，因为使用的是其他肌肉——将对应于第二路线。

我怎样被导致认为这两个系列 S 和 S'' 对应于同一位移 AB 呢？正是因为这两个系列能够矫正同一外部变化。此外，它们毫无共同之处。

让我们现在考虑两个外部变化：α 和 β，例如，它们将是半蓝半红的球的转动和半黄半绿的球的转动；这两个变化没有共同之处，因为在我们看来，一个从蓝色变为红色，另一个从黄色变为绿色。另一方面，考虑两个内部变化系列 S 和 S''；像其他系列一样，它们将毫无共同之处。但是，我说 α 和 β 对应于相同的位移，S 和 S'' 也对应于相同的位移。为什么呢？仅仅是因为 S 能够矫正 α 以及 β，α 能够被 S'' 以及 S 矫正。于是，提出了一个问题：如果我已确定 S 矫正 α 和 β，S'' 矫正 α，我同样可以肯定 S'' 矫正 β 吗？唯有实验才能够告诉我们这个规律是否被证实。如果它未被证实，至少未被近似地证实，那么就不会有几何学，不会有空间，因为我们对内部变化和外部变化的分类不会有更多的兴趣——尽管我刚才已作过这种分类，而且对区分状态变化和位置变化也不会有更多的兴趣。

看看经验在这一切中起什么作用是饶有兴味的。经验向我表明，某一规律被近似地证实了。经验没有告诉我，空间是**何种状态**，它是否满足所述的条件。事实上，在所有经验之前，我就知道空间满足这个条件，或者不可能有空间；我也没有任何权利说，经验告诉我几何学是可能的；我十分清楚地看到，几何学是可能的，因为它没有隐含矛盾；经验仅仅告诉我们几何学是有用的。

6. 视觉空间

正如我刚刚说明的，虽然动觉印象在空间概念的起源中总的来说具有举足轻重的影响，没有它们空间概念永远也不会产生，但是再审查一下视觉印象的作用，研究一下“视觉空间”有多少维，并不是索然无味的，为此目的，让我们把第 3 节的定义用于这些印象。

第一个困难出现在眼前：考虑刺激视网膜某一点的红颜色的

感觉；另一方面，考虑刺激视网膜同一点的蓝颜色的感觉。我们必须有某种办法来分辨这两个在质上不同的、有某些共同之处的感觉。现在，根据前节所陈述的想法，我们只有通过眼睛的移动和这些移动所引起的观察结果来分辨。假使眼睛不可动，或者我们对它的移动毫无意识，我们便不能分辨这两个不同质的、有某些共同之处的感觉；我们便不能分解它们，给它们赋予几何学的特征。没有肌肉感觉，视觉就不会有几何学的特征，以至于可以说，没有纯粹的视觉空间。

为了消除这个困难，只考虑同一本性的感觉，例如红色感觉，这些感觉仅就它们刺激视网膜的点而言与另外的感觉不同。很清楚，为了把所有同样颜色的感觉统一在同一类，我没有理由在所有可能的视觉中做出这种任意的选择，而不管受刺激的视网膜上的点可能是什么。倘若以前我没有学会用我刚才看到的方法区分状态变化和位置变化，也就是说，假如我的眼睛不可动，那么我永远也不会想到它。在我看来，刺激视网膜不同部位的同样颜色的两个感觉似乎在质上是截然不同的，正如两个不同颜色的感觉一样。

在把我局限于红色感觉时，我从而把人为的限制因素强加于我，我有意地忽略了该问题的整个一面；但是，只是通过这种技巧，我才能够分析视觉空间，而不与任何动觉相混。

设想在视网膜上画一条线，把它的表面一分为二；留出刺激这条线上的点的红色感觉或与它们不同、但由于太小以致无法与它们区分的红色感觉。这些感觉的集合将形成一种类似于截量的东西，或称其为 C；很清楚，这个截量足以把可能的红色感觉的流形分割开来，如果我取刺激分别位于该线一边和另一边的两个点的两个红色感觉，若在某一时刻不通过属于该截量的感觉，我便不能沿连续的途径从这些感觉的一个转移到另一个。

因此，如果截量有 n 维，我的红色感觉的总流形——或者你乐意的话，也可说整个视觉空间——将有 $n+1$ 维。

现在，我把刺激截量 C 上的点的红色感觉区分开来。这些感觉的集合将形成新截量 C'。很清楚，在始终给分割这个词以相同意义的情况下，这将分割截量 C。

因此，如果截量 C' 有 n 维，那么截量 C 将有 $n+1$ 维，而整个视觉空间将有 $n+2$ 维。

如果刺激视网膜同一点的红色感觉被认为是等价的，那么化为单一元素的截量 C' 便有 0 维，而视觉空间便有二维。

然而，人们往往说，眼睛给我们以第三维的感觉，使我们在某种程度上辨认对象的距离。当我们试图分析这一感觉时，我们确定，它或者归因于眼睛会聚的意识，或者归因于睫肌使图像聚焦的努力调节的意识。

因此，刺激视网膜同一点的两个红色感觉将被认为是恒等的，只要它们被相同的会聚感觉所伴随，而且也要被相同的努力调节的感觉所伴随，或者至少要被具有如此微不足道的差别的会聚和调节感觉所伴随，以至于这些感觉无法区分开来。

为此缘故，截量 C' 本身是连续统，截量 C 大于一维。

但是，很凑巧，经验告诉我们，当两个视觉被同一会聚感觉伴随时，那么它们同样也被同一调节感觉所伴随。于是，如果我们用被某一会聚感觉伴随的截量 C' 的所有感觉形成新截量 C''，那么按照前述的规律，它们将完全是不可区分的，而且可以被认为是等价的。因此，C''将不是连续统，且有 0 维；因为 C''分割 C'，所以它将导致 C'有一维，C 有二维，而**整个视觉空间有三维**。

但是，如果经验告诉我们相反的情况，如果某一会聚感觉并非总是被相同的调节感觉所伴随，事情还会一样吗？在这种情况下，两个刺激网膜同一点并被同一会聚感觉所伴随的感觉，两个因此而属于截量 C''的感觉，无论如何都能够被区分开来，因为它们被两个不同的调节感觉所伴随。因此，C''本身也是连续统，而且（至少）会有一维；于是 C'应该有两维，C 应该有三维，而**整个视觉空间应该有四维**。

由于我们最终把三维赋予空间是从实验定律提出来的，人们于是可以说，正是经验告诉我们空间有三维吗？但是可以说，我们在那里完成的仅仅是生理学实验；还有，要使会聚感觉和调节感觉之间不一致，只要在眼睛上戴上合适构造的眼镜就足够了，我们能说戴上眼镜就足以使空间具有四维吗？制造眼镜的人给空间多加了一维吗？显然不能；我们所能说的一切就是，经验告诉我们，赋予空间以三维是方便的。

但是，视觉空间仅仅是空间的一部分，即使在这个空间的概念中，正如我在开始时说明的那样，也存在着某些人为的成分。真实的空间是动觉空间，这就是我在下一章将要考察的内容。

第四章　空间及其三维性

1. 位移群

让我们简要地概括一下所得到的结果。我们打算研究所谓空间有三维意味着什么，我们首先要问，什么是物理连续统，何时可以说它有 n 维。如果我们考虑一下不同的印象系统并把它们相互比较，我们往往辨认出，这两个印象系统是不可区分的（这通常用下述说法来表示：它们相互之间太接近了，我们的感觉太粗糙了，以至于我们无法区分它们）；此外我们确定，这两个感觉系统尽管与第三个系统不可区分，但它们二者有时却能够彼此区分。在这种情况下，我们说这些印象系统的流形形成物理连续统 C。而这些系统中的每一个称为该连续统 C 的**元素**。

这个连续统有多少维呢？首先取 C 的两个元素 A 和 B，设存在着完全属于连续统 C 的元素的系列 Σ，该系列是这样的：A 和 B 是这个系列的外项，该系列的每一项与前一项不可区分。如果这样的系列 Σ 能够被找到，我们就说 A 和 B 相互联通；如果 C 的任何两个元素相互联通，我们就说 C 完全是连成一片的。

现在，在连续统 C 中以完全任意的方式取若干元素。这些元素的集合将被称为**截量**。在把 A 和 B 联合起来的各种系列中，我们将区分出两类系列：一种是其元素与该截量的一个元素不可区分的系列（我们将说，它们是**切断**截量的系列），一种是其**所有**元素与该截量的所有元素不可区分的系列。如果把 A 和 B 联通起来的所有系列 Σ 切断截量，我们将说 A 和 B 被截量**隔离**，截量**分割** C。如果我们不能在 C 上找到被截量隔离的两个元素，我们将说截量**没有分割** $\boldsymbol{C}$。

在拟定了这些定义后，倘若连续统 C 能被本身不形成连续统的截量分割，则这个连续统只有一维；在相反的情况下，它有多维。若形成一维连续统的截量足以分割 C，则 C 将有二维维；若形成二维连续统的截量足以分割 C，则 C 将有三维，等等。多亏这些定义，我们总是能够辨认任何物理连续统有多少维。只是尚需找到一种物理连续统，它可以说等价于这样一种类别的空间，致使这个连续统的元素对应于空间的每一个点，不可区分的元素对应于空间中的彼此十分接近的点。于是，空间将具有与连续统一样多的维数。

能够表示的这个物理连续统的中介物是必不可少的；因为我们无法想象空间，其理由很多。空间是数学连续统，它是无限的，而我们只能想象物理连续统和有限的对象。我们称之为点的空间的不同元素是完全类似的，为了应用我们的定义，我们必须了解如何相互区分这些元素，至少在它们不太接近的情况下应该如此。最后，绝对空间是胡言乱语，我们必须把与我们身体（我们必须始终假定我们身体恢复到原先的姿势）恒定地结合在一起的坐标系作为空间的参照系，以此作为出发点。

再者，我试图用我们的视觉形成与空间等价的物理连续统；这的确是容易的，这个实例尤其适合于讨论维数；这一讨论能够使我们在某种程度上看到，谈论“视觉空间”有三维是可以容许的。只是这种解决办法是不完善的和不自然的。我已经说明了其中的原因，必须把我们的努力转向动觉空间，而不是视觉空间。另外，我回想起，我们在位置变化和状态变化之间做出区分的根源是什么。在我们的印象所发生的变化中，我们首先区分随意的、被肌肉感觉所伴随的**内部**变化和具有相反特征的**外部**变化。我们确定，会发生这种情况：外部变化可以被重建原来的感觉的内部变化**矫正**。能够被内部变化矫正的外部变化叫**位置变化**，不能被内部变化矫正的外部变化叫**状态变化**。能够被外部变化矫正的内部变化叫**整个身体的位移**，其余的变化叫**姿势变化**。

现在，设 α 和 β 是两个外部变化，α' 和 β' 是两个内部变化。假定 α 可以被 α' 或 β' 矫正，α' 能够矫正 α 或 β；经验接着告诉我们，β' 同样能够矫正 β。在这种情况下，我们说 α 和 β 对应于**相同的**位移，也说 α' 和 β' 对应于**相同的**位移。在做出这些先决条件后，我们能够设想一个物理连续统，我们可把它称为**位移连续统或位移群**，我们将用下述方式定义它。这个连续统的元素必须是能够矫正外部变化的内部变化。这两个内部变化 α' 和 β' 在下述情况下将被看做是不可区分的：(1)如果它们本来就是如此，也就是说，它们彼此之间太接近了；(2)如果 α' 能够矫正与本来和 β' 不可区分的第三个内部变化一样的外部变化。在第二种情况下，可以说，它们按照约定将是不可区分的，我意味着借助一致赞同忽略可以区分它们的境况。

现在我们的连续统被彻底定义了，因为我们知道它的元素，并

且规定在什么条件下它们可以被认为是不可区分的。从而我们具有应用我们的定义和确定这个连续统有多少维所必需的一切东西。我们将公认它有**六维**。因此,位移连续统并不等价于空间,因为维数不同;它仅仅与空间相关。现在,我们怎样知道这个位移连续统有六维呢?我们是**根据经验**知道它的。

要叙述我们能够藉以获得这一结果的实验也许是很容易的。可以看到,能够在这个连续统中做出截量,该截量分割连续统,其本身亦是连续统;这些截量本身能够被其他二阶截量分割,二阶截量还是连续统,这种做法只有在六阶截量之后才会停止,六阶截量不再是连续统了。从我们的定义来看,这意味着位移群有六维。

我已经说过,那是容易的,但是确切地讲,却是冗长的;它不会有点肤浅吗?我们看到,这个位移群与空间相关,空间可以由它产生,但是它不等价于空间,因为它没有相同的维数;当我们要表明这个连续统的概念如何能够形成和空间概念如何可以从它导出时,总是有人质问,为什么三维空间比这个六维连续统更使我们熟悉,总是有人怀疑,用这种迂回办法,空间概念是否能在人的心智中形成。

2. 两点的等价

点是什么?我们怎么知道空间两点是等价还是不同?或者,换句话说,当我们说:对象 A 在时刻 α 占据对象 B 在时刻 β 所占据的点时,这意味着什么呢?

这是我们在前章第 4 节给我们自己提出的问题。正如我已经说明过的，它不是把对象 A 和 B 放在绝对空间中的位置进行比较的问题；这样讨论问题显然没有意义。它是把这两个对象相对于和我们的身体恒定地结合在一起的坐标系的位置作比较的问题，倘若我们的身体总是以相同的姿势移动的话。

我假定，在时刻 α 和 β 之间，我既没有移动我的身体，也没有移动我的眼睛，我是从我的肌肉感觉知道这一点的。我未使我的头、我的臂或我的手运动。我弄清，在时刻 α，我归因于对象 A 的印象传送给我，一些是通过我的一个视觉神经纤维传送给我的，另一些是通过我的手指的一个敏感的触觉神经传送给我的；我查明，在时刻 β，我归因于对象 B 的另外的印象传送给我，一些是通过同一视觉神经纤维，另一些是通过同一触觉神经。

在这里，我必须停下来加以说明；我是怎样被告知，我归因于 A 的这个印象和我归因于 B 的那个印象这两个在质上不同的印象是通过同一神经传达给我的呢？以视觉为例，A 产生两个同时并起的感觉，即纯粹的光感 a 和色感 a'，B 以同一方式同时产生光感 b 和色感 b'，如果这些不同的感觉通过同一视网膜纤维传送给我，那么 a 与 b 恒等，但是一般说来，不同的身体产生的色感 a' 和 b' 是不同的，我们必须做上述假定吗？在那种情况下，伴随 a' 的感觉 a 与伴随 b' 的感觉 b 应该恒等，这辨明所有这些感觉是通过同一纤维传送给我的。

无论如何，可以同意这个假设，尽管我可能更喜欢相当复杂的假设，但是可以肯定，我们通过某种方式被告知，在 $a+a'$ 和 $b+b'$ 这些感觉之间有某些共同之处，没有这一点，我们就会无法辨认对象 B 代替了对象 A。

因此，我不再进一步坚持，我回想起我刚才做出的假设：我假定我已经查明，我归因于 B 的印象是在时刻 β 通过同一视觉及触觉纤维传送给我的，而在时刻 α，这些纤维把我归因于 A 的印象传送给我。如果情况确是如此，我们将毫不犹豫地断言，B 在时刻 β 所占据的点等价于 A 在时刻 α 所占据的点。

我刚刚阐明了这些点恒等的两个条件；一个与视力有关，另一个与接触有关。让我们分别考虑它们。第一个是必要的，但不是充分的。第二个同时是必要的和充分的。通晓几何学的人会用下述方式轻而易举地说明这一点：设 O 是视网膜上的一点，物体 A 在时刻 α 的图像在这里形成；设 M 是空间的一点，这个物体 A 在时刻 α 占据该点；设 M' 是物体 B 在时刻 β 所占据的空间的点。由于这个物体 B 在 O 形成它的图像，因而没有必要使点 M 和 M' 重合；由于视力是超距作用的，只要三点 OMM' 在一条直线上就足够了。因此，两个对象在 O 形成它们的图像这一重合是必要的，但对点 M 和 M' 重合而言，却不是充分的。现在，设 P 是我的手指占据的点，而且手指依然留在那里，由于它没有轻微移动。鉴于接触不是超距作用，所以若物体 A 在时刻 α 接触我的手指，正是因为 M 和 P 重合；若 B 在时刻 β 接触我的手指，正是因为 M' 和 P 重合。因此 M 和 M' 重合。这样一来，如果 A 在时刻 α 接触我的手指，则 B 在时刻 β 接触我的手指，这一重合对于 M 和 M' 重合而言同时是必要的和充分的。

但是，我们这些迄今还不了解几何学的人不能这样推理；我们能够做的一切就是通过实验弄清，与视力有关的第一个条件可以在没有与接触有关的第二个条件的情况下得到满足，但是若没有

第一个条件，第二个条件则无法满足。

假定经验告诉我们相反的东西，这是完全可能的；这个假设没有包含荒谬的东西。因此，假定我们根据实验已经查明，与接触有关的重合可以在与视力有关的重合未被满足的情况下得到满足，相反地，与视力有关的重合在与接触有关的重合未被满足的情况下却不能得到满足。很清楚，倘若如此，我们就应该得出结论：接触能够超距地施加，而视力却不能超距地起作用。

但是，这并非一切；直到我假设确定对象的位置之时，我仅仅利用了我的眼睛和一个手指；可是，我同样也能够使用其他手段，例如我的所有其他手指。

我假定，我的第一个手指在时刻 α 接受到我归因于对象 A 的触觉印象。我作出对应于肌肉感觉系列 S 的一系列动作。在这些动作之后，在时刻 α'，我的**第二个**手指接受到我同样归因于 A 的触觉印象。此后，正如我的肌肉感觉告诉我的，在时刻 β，由于我没有轻微移动，这第二个手指把我这次归因于对象 B 的触觉印象重新传送给我；接着，我做出对应于肌肉感觉系列 S' 的一系列动作。我知道，这个系列 S' 与系列 S 相反，它对应于相反的动作。我知道，这是因为许多以前的经验向我表明，如果我相继做出两个对应于 S 和 S' 的动作系列，那么就可以重建原来的印象，换句话说，这两个系列相互补偿。在决定了这一切后，我能够期望在时刻 β'，即当第二个动作系列结束时，我的**第一个手指**可以感觉到归因于对象 B 的触觉印象吗？

为了回答这个问题，已经通晓几何学的人会进行如下推理：在时刻 α 和 α' 之间，存在着对象 A 不移动的可能性，在时刻 β 和 β' 之间，却不存在对象 B 不移动的可能性；他们采取了这一点。在时刻 α，对象 A 占据了空间某一点 M。现在，在这一时刻，它接触了我的第一个手指，**因为接触不是超距作用的**，所以我的第一个手指同样也在点 M。我后来做了动作系列 S，在这个系列结束时，即在时刻 α'，我确定对象 A 接触了我的第二个手指。我由此得出结论，这第二个手指当时在 M，也就是说，动作 S 具有导致第二个手指到第一个手指之处的效果。在时刻 β，对象 B 与我的第二个手指接触：因为我没有轻微移动，这第二个手指依然在 M；因此对象 B 到达 M；按照假设，直到时刻 β'，它没有轻微移动。但是，在时刻 β 和 β' 之间，我做了动作 S'；因为这些动作与动作 S 相反，所以它们就效果而言必然导致第一个手指代替第二个手指。因此，在时刻 β'，这第一个手指将在 M；因为对象 B 同样也在 M，所以这个对象 B 将接触我的第一个手指。对于所提出的问题，从而应该做出肯定的回答。

我们这些迄今还不通晓几何学的人不能够这样推理；可是我们查明，这一预期通常总是被实现；我们总是能够用下面的说法说明例外：对象 A 在时刻 α 和 α' 之间运动了，或对象 B 在时刻 β 和 β' 之间运动了。

但是，一定的相反结果不会经历到吗？这种相反的结果本身会是荒谬的吗？显然不会。如果经验给出了这个相反的结果，那么我们应该做些什么呢？这样所有的几何学都会变得不可能吗？世界上绝没有这回事。我们应该使自己满足于这个结论：**接触能够超距地进行**。

当我说，接触不超距地进行而视力超距地进行时，这个断言只有一个意义，这个意义如下所述：为了辨认 B 在时刻 β 是否占据 A 在时刻 α 占据的点，我能够使用大量不同的标准。或者我的眼睛介入，或者我的第一个手指介入，或者我的第二个手指介入等等。好了，为了其他一切标准能够被满足，与我的一个手指相关的标准被满足就充分了，但是与我的眼睛相关的标准能够被满足却并不充分。这就是我断言的意思，我满足于肯定通常已被证实的实验事实。

在上一章末尾，我们分析了视觉空间；我们看到，为了产生这种空间，有必要引入视网膜感觉、会聚感觉和调节感觉；如果后两种感觉并非总是一致的话，那么视觉空间会有四维，而不是三维；我们也看到，如果我们只引入视网膜感觉，我们会得到仅有二维的“单纯视觉空间”。另一方面，考虑一下触觉空间，触觉空间把我们自己限制在单一手指的感觉范围内，简言之，即限制在这个手指能够占据的位置的集合内。这种触觉空间，我们将在下节进行分析，我请求允许我暂且不去进一步考虑它，我说这种触觉空间有三维。为什么严格所谓的空间与触觉空间维数相同而比单纯视觉空间多呢？这正是因为接触不能超距作用，而视力却可以超距作用。这两个断言具有相同的意义，我们刚刚看到这意味着什么。

为了不中断讨论，我急急忙忙地越过了一点，现在我要返回它。虽然 A 在时刻 α 和 B 在时刻 β 作用在我们视网膜上的印象在质上是不同的，可是我怎么知道它们是通过同一视网膜纤维传送的呢？我提出了一个简单的假设，同时还附加了其他显然更复杂的假设，这些附加假设在我看来大概比较真实。在这里，还有我已经稍微提了一下的假设。如果红色对象 A 和蓝色对象 B 在视网膜的同一点上形成图像，我们怎么知道 A 在时刻 α 和 B 在时刻 β 产生的印象有某些共同之处呢？我们可以排除上面所做的简单假设，并且可以假定，这两个在质上相异的印象是通过两个不同的、尽管是邻近的神经纤维传送的。还有，我有什么手段知道这些神经纤维是邻近的呢？假如眼睛不可动，恐怕我们不会有什么手段。正是眼睛的移动告诉我们，在视网膜的点 A 的蓝色感觉和在点 B 的蓝色感觉之间的关系与在点 A 的红色感觉和在点 B 的红色感觉之间的关系相同。事实上，它们向我们表明，对应于相同的肌肉感觉的相同动作，把我们从第一种感觉带到第二种感觉，或从第三种感觉带到第四种感觉。我没有强调这些想法，正如人们看到的，它们属于洛策(Lotze)所建立的局域记号问题。

3. 触觉空间

这样一来，我们知道如何辨认两点，即 A 在时刻 α 所占据的点和 B 在时刻 β 所占据的点的等价，可是仅要**凭借一个条件**，也就是我在时刻 α 和 β 之间没有轻微移动。对于我们的对象而言，这还不够。因此，设我以任何方式在这两个时刻之间的时间间隔内运动，我如何知道，A 在时刻 α 所占据的点是否等价于 B 在时刻 β 所占据的点呢?我假定，在时刻 α，对象 A 与我的第一个手指接触，在时刻 β，对象 B 以同样的方式接触这第一个手指；但是在同一时间，我的肌肉感觉告诉我，在该时间间隔内我的身体运动了。我在上面考虑过两个肌肉感觉系列 S 和 S'，我说过有时我们可以把这样两个系列 S 和 S' 看做是彼此相反的，因为我们通常观察到，当这两个系列彼此相继发生时，我们原来的印象便重建起来。

另外，如果我的肌肉感觉告诉我，我在两个时刻 α 和 β 之间运动，可是却是如此运动，以至于我相继感觉到我认为是相反的两个肌肉感觉系列 S 和 S'，那么我还将断定，仿佛我没轻微移动一样，如果我查明我的第一个手指在时刻 α 接触 A 而在时刻 β 接触 B，那么 A 在时刻 α 所占据的点和 B 在时刻 β 所占据的点是等价的。

正如人们将要看到的，这个解答还不完全令人满意。让我们看一看，它实际上会使我们赋予空间多少维。我希望比较 A 和 B 在时刻 α 和 β 所占据的两点，或者（这相当于同一件事，因为我假定，我的手指在时刻 α 接触 A、在时刻 β 接触 B）我希望比较我的手指在两个时刻 α 和 β 所占据的两个点。为了进行这种比较，我利用的唯一手段就是肌肉感觉系列 Σ，该系列在这两个时刻之间伴随着我身体的动作。各种可以想象得到的系列 Σ 显然形成了维数很大的物理连续统。正如我已经做过的，当 S 和 S' 在上面给予这个代码的意义上彼此相反时，让我们不要一致认为两个系列 Σ 和 $\Sigma+S+S'$ 是截然不同的；不管这种一致赞同，截然不同的系列 Σ 还将形成物理连续统，维数将变小，但依然是很大的。

空间的一个点对应于这些系列 Σ 中的每一个；两点 M 和 M' 从而对应于两个系列 Σ 和 Σ'。直到目前我们使用的手段能够使我们辨认出 M 和 M' 在两种情况下并非截然不同：(1)如果 Σ 与 Σ 等价；(2)如果 $\Sigma'=\Sigma+S+S'$，且 S 和 S' 彼此相反。倘若在所有其他情况下我们应该把 M 和 M' 看做是截然不同的，那么点的流形便与截然不同的系列 Σ 的集合具有相同的维数，也就是说大于三维。

对于已经通晓几何学的人来说，下述说明也许容易理解。在可以想象得到的肌肉感觉系列中，存在着这样一些肌肉感觉系列，它们对应于手指在那里未尝轻微移动的动作系列。我要说，如果人们不把系列 Σ 和 $\Sigma+\sigma$——在这里系列 σ 对应于手指未尝轻微移动的动作——看做是截然不同的话，那么系列的集合将构成三维连续统；但是，如果人们认为两个系列 Σ 和 Σ'——除非 $\Sigma'=\Sigma+S+S'$，且 S 和 S' 是相反的——是截然不同的，那么系列的集合将构成大于三维的连续统。

事实上，设在空间中有一个面 A，在这个面上有一条线 B，在这条线上有一点 M。设 C_0 是所有系列 Σ 的集合。设 C_1 是在对应的动作结束时，手指在面 A 上的系列 Σ 的集合，C_2 或 C_3 是在对应的动作结束时，手指在线 B 上或点 M 上的系列 Σ 的集合。很清楚，首先 C_1 将构成分割 C_0 的截量，C_2 将构成分割 C_1 的截量，C_3 将构成分割 C_2 的截量。按照我们的定义，由此便导致，如果 C_3 是 n 维连续统，C_0 将是 $n+3$ 维物理连续统。

因此，设 Σ 和 $\Sigma'=\Sigma+\sigma$ 是形成 C_3 一部分的两个系列；对于二者而言，在动作结束时，手指在 M 处；由此导致，在系列 σ 开始和终结时，手指在同一点 M。因此，这个系列 σ 是对应于手指在那里未尝轻微移动的那些动作中的一个动作。倘使 Σ 和 $\Sigma+\sigma$ 被视为截然不同的，C_3 的所有系列将混成一个系列；因此 C_3 将有 0 维，而 C_0 将有三维，正如我希望证明的那样。相反地，倘使我不认为 Σ 和 $\Sigma+\sigma$ 混成一体（除非 $\sigma=S+S'$，且 S 和 S' 是相反的），那么很清楚，C_3 将包含大量的截然不同的感觉的系列；因为在手指不轻微移动的情况下，身体可以采取许多不同的姿势。于是，C_3 将形成连续统，C_0 将大于三维，这也是我希望证明的。

我们这些还不通晓几何学的人不能用这种方式推理；我们只能够证实。但是，接着产生了一个问题；在通晓几何学之前，我们怎么可以把手指在那里未尝轻微移动的系列 σ 与其他系列区分开来呢？事实上，只有在做出这种区分后，我们才能认为 Σ 和$\Sigma+\sigma$ 是等价的，而且正如我们刚才看到的，唯有在这一条件的基础上，我们才能够得到三维空间。

我们之所以有可能区分系列 σ，因为常常发生这样的情况：当我们进行对应于这些肌肉感觉系列 σ 的动作时，通过我们称之为第一个手指的神经传送给我们的触觉存留着，不因这些动作而变化。惟有经验告诉我们这一点，而且惟有经验才能够告诉我们这一点。

如果我们区分了由两个相反系列的结合形成的肌肉感觉系列 $S+S'$，那正是因为它们保持着我们印象的总数；如果我现在区分系列 σ，那正是因为它们使我们的印象保持**一定**。（当我说，肌肉感觉系列 S“保持着”我们一个印象 A 时，我意指我们要弄清楚，我们是否感觉到印象 A，接着是否感觉到肌肉感觉 S，我们是否**还**感觉到在这些感觉 S **之后**的印象 A。）

我在上面说过，往往发生系列 σ 不改变我们的第一个手指感觉到的触觉印象的情况；我**经常**这样说，但并非**总是**这样说。我们用日常语言表达的下述说法正是这一点：在与手指接触的对象 A 也不运动的**条件**下，如果这个手指不运动，那么触觉印象便不会改变。在通晓几何学之前，我无法做出这种说明；我能做的一切就是弄清楚，这个印象经常存留着，但并非总是存留着。

然而，经常继续的印象足以使系列 σ 显著地呈现在我们面前，导致我们把系列 Σ 和 $\Sigma+\sigma$ 归入同一类，因此不能认为它们是截然不同的。在这些条件下，我们看到，它们将产生三维的物理连续统。

接着看看我的第一个手指产生的三维空间。我的每一个手指将产生与之类似的空间。依然要考虑，我们怎么被导致认为它们与视觉空间、与几何学空间等价。

但是，在进一步论述之前有一个考虑；照前所述，只是通过肌肉感觉系列向我们揭示出把我们从某一初始位置带到这个最终位置的动作，我们知道空间的点，或者更一般地说，知道我们身体的**最终**位置。然而，很清楚，这个最终位置一方面将取决于这些动作，**另一方面将取决于**我们出发的**初始位置**。现在，这些动作被我们的肌肉感觉揭示给我们；可是没有什么东西告诉我们初始位置；我们没有任何办法能够把它与所有其他可能的位置区分开来。显然，这十分明确地提出了空间的本质的相对性。

4. 各种空间的等价

因此，我们有可能把两个连续统 C 和 C' 加以比较，例如，一个是由我的第一个手指 D 产生的，另一个是由我的第二个手指 D' 产生的。这两个物理连续统均有三维。把我从某一初始位置带到某一最终位置[①]的肌肉感觉系列对应于连续统 C 的每一个元素，

① 我们不说使空间参照于与我们的身体牢固地结合在一起的坐标系，为了与前

或者如果你乐意的话，也可以说对应于第一触觉空间的每一点。而且，如果 σ 是我们知道的不使手指 D 运动的系列，那么第一触觉空间的同一点将对应于 Σ 和 $\Sigma+\sigma$。

类似地，感觉系列 Σ' 对应于连续统 C' 的每一个元素，或对应于第二触觉空间的每一点；如果 σ' 是不使手指 D' 运动的系列，那么同一点将对应于 Σ' 和 $\Sigma'+\sigma'$。

使我们把标记为 σ 的各种系列与称之为 σ' 的各种系列区别开来的方法是，前者不改变手指 D 感觉到的触觉印象，后者保持手指 D' 感觉到的触觉印象。

现在看看我们查明什么：在开始，我的手指 D' 感知到感觉 A'；我做出产生肌肉感觉 S 的动作；我的手指 D 感觉到印象 A；我做出产生感觉系列 σ 的动作；我的手指 D 继续感知到印象 A，因为这是系列 σ 的独特的性质；我然后作出产生肌肉感觉系列 S' 的动作，S' 在上面给予这个代码的意义上与 S 相反。于是我确定，我的手指 D' 重新感觉到印象 A'。（当然，这要理解为适当地选择 S。）

这意味着，保持手指 D' 的触觉印象的系列 $S+\sigma+S'$ 是我称之为 σ' 的系列中的一个。相反地，如果人们采取任何系列 σ'，那么 $S'+\sigma'+S$ 将是我称之为 σ 的系列中的一个。

从而，若适当地选择 S，则 $S+\sigma+S'$ 将是系列 σ'，使 σ 以所有可能的方式变化，我们将得到所有可能的系列 σ'。

述的东西一致，也许最好说我们使空间参照于与我们身体的初始位置牢固地结合在一起的坐标系。

由于我们还不通晓几何学，我们仅使自己局限于证实那一切，但是在这里，问题在于通晓几何学的人应该怎样说明事实。在开始，我的手指 D' 在点 M 与对象 α 接触，这使手指感觉到印象 A'。我做出对应于系列 S 的动作；我说过，这个系列应该适当地选择，我愿如此做这一选择，以便这些动作把手指 D 带到手指 D' 原来所占据的点，也就是说带到点 M；这个手指 D 从而将与对象 α 接触，这将使手指感觉到印象 A。

接着，我做出对应于系列 σ 的动作；在这些动作中，根据假设，手指 D 的位置没有改变，这个手指因而依然与对象 α 接触，并继续感觉到印象 A。最后，我做出对应于系列 S' 的动作。由于 S' 与 S 相反，这些动作把手指 D' 带到手指 D 原先所占据的点，即带到点 M。正如可以假定的那样，若对象 α 不轻微移动，这个手指 D' 将与这个对象接触，并将重新感觉到印象 A'……证毕。

让我们看看结果吧。我考虑一个肌肉感觉系列 Σ。第一触觉空间的一个点将对应于这个系列。现在，再选取我刚才谈到的彼此相反的两个系列 S 和 S'。第二触觉空间的一点 N 将对应于系列 $S+\Sigma+S'$，因为正如我们说过的，在第一空间或第二空间的点对应于任何肌肉感觉系列。

我将考虑如此定义的两个点 N 和 M，它们可以视为对应的。什么东西授权我这样做呢？要使这个对应是可以接受的，其必要条件是，如果在第一空间对应于两个系列 Σ 和 Σ' 的两点 M 和 M' 是等价的，第二个空间的两个对应点 N 和 N' 同样也是如此，那么正是这两点对应于两个系列 $S+\Sigma+S'$ 和 $S+\Sigma'+S'$。现在，我们要看看，这个定义被满足。

第一个评论。因为 S 和 S' 是彼此相反的，我们便有 $S+S'=0$，从而 $S+S'+\Sigma=\Sigma+S+S'=\Sigma$，或者还有 $\Sigma+S+S'+\Sigma'=\Sigma+\Sigma'$；但是，由此不能得出我们有 $S+\Sigma+S'=\Sigma$ 的结论；这是因为，尽管我们用加号表示我们感觉的相继发生，可是很清楚，这个相继发生的次序并非没有差别：因此，我们不能像在通常加法中那样颠倒各项的次序；简而言之，我们的运算是结合的，而不是交换的。

这样确定之后，为了 Σ 和 Σ' 可以对应于第一空间的同一点 $M=M'$，其充要条件是我们有 $\Sigma'=\Sigma+\sigma$。于是我们将有 $S+\Sigma'+S'=S+\Sigma+\sigma+S'=S+\Sigma+S'+S+\sigma+S'$。

可是，我们刚刚确定，$S+\sigma+S'$ 是系列 σ' 中的一个。从而我们将有 $S+\Sigma'+S'=S+\Sigma+S'+\sigma'$，这意味着系列 $S+\Sigma'+S'$ 和 $S+\Sigma+S'$ 对应于第二空间的同一点 $N=N'$。证毕。

因此，我们的两个空间点对点对应；它们能够相互"变换"；它们是同构的。我们如何被引导得出它们是等价的结论呢？

考虑两个系列 σ 和 $S+\sigma+S'=\sigma'$。我经常说，但并非总是说，系列 σ 保持着手指 D 感知到的触觉印象 A；同样地，经常但并非总是发生这种情况，系列 σ' 保持着手指 D' 感知到的触觉印象 A'。现在我确定，**十分经常地**（也就是说，比我刚才所说的"经常"更为经常）发生下述情况：当系列 σ 保持手指 D 的印象 A 时，系列 σ' 同时保持手指 D' 的印象 A'；相反地，如果第一个印象改变了，则第二个印象也同样改变。这**十分经常地**发生着，但并非总是发生。

我们用下述说法诠释这个实验事实：把印象 A 给予手指 D 的未知对象 α 是与把印象 A' 给予手指 D' 的未知对象 α' 等价的。实际上，当第一个对象运动——这是印象 A 的消失告诉我们的——时，第二个对象也同样运动，由于印象 A' 同样也消失。当第一个对象依然不动时，第二个对象也依然不动。倘若这两个对象等价，当第一个对象在第一个空间的 M 点，第二个对象在第二个空间的 N 点时，那么这两点也等价。这就是我们如何被导致认为这两个空间是等价的；或者更恰当地讲，这就是当我们说它们是等价的时候，我们意指的东西。

我们刚才就两个触觉空间的等价所说的一切，使得讨论触觉空间和视觉空间等价的问题变得毫无必要，该问题能够用同样的方式去处理。

5. 空间和经验论

情况似乎是，我正被导致得出与经验论观念一致的结论。事实上，我试图明显地提出经验的作用，并分析介入三维空间起源中的经验事实。可是，这些事实的重要性无论怎样，总是存在着一个我们不应该忘记的事情，而且我曾不止一次地注意到它。这些经验事实经常被证实，但并非总是被证实。这显然没有意谓，空间经常有三维但并非总是有三维。

我完全知道，人们要拯救自己是很容易的，如果事实未被证实，他们会轻而易举地说明，外部对象运动了。如果经验接着出现，我们说它教导我们以空间；如果经验没有接着发生，我们赶紧责怪外部对象运动了；换句话说，如果经验没有接着发生，经验就要受到轻击。

这些轻击是合理的；我没有拒绝承认它们；可是，它们足以告诉我们，空间的特性不是严格所谓的经验真理。如果我们通过给予其他类似的轻击，希望证实其他规律，我们也会获得成功。我们并非总是能够根据同样的理由证实这些轻击吗？人们至多会对我们说："你们的轻击无疑是合理的，可是你们滥用它们；为什么外部对象如此经常地运动呢？"

总而言之，经验并没有向我们证明空间有三维；它只是向我们证明，把三维赋予空间是方便的，因为这样一来，轻击的数目便被减少到最小。

我愿附加几句话，经验促使我们仅仅与作为物理连续统的表象空间联系，它从来也没有促使我们与作为数学连续统的几何空间联系。经验最大限度似乎只能告诉我们，给予几何空间以三维是方便的，以至它可以有表象空间那么多的维数。

经验问题可以在另一种形式下提出来。例如，在三维空间之外设想物理现象、力学现象是不可能的吗？我们从而应该有客观的实验证据，也可以说，应该有独立于我们生理学的、独立于我们表象模式的实验证据。

但是，情况并非如此；我在这里不想全面地讨论这个问题，我将仅限于回忆赫兹（Hertz）的力学给予我们的引人注目的例子。你知道，大物理学家并不相信严格所谓的力的存在；他假定，可见的质点隶属于把它们与其他不可见的质点连接起来的某些不可见的结合物，我们归之于力的东西就是这些不可见的结合物的作用。

可是，这只是他的思想的一部分。设由 n 个质点形成的系统是可见的或不可见的；这总共将给出 $3n$ 个坐标；让我们把这些坐

标视为 $3n$ 维空间中的**单一**质点的坐标。这个单一质点凭借我刚刚讲过的结合物被强制保持在一个曲面(任何小于 $3n$ 的维数)上；它在这个面上从一点到另一点，总是会采取最短的路径；这恐怕是概括整个力学的唯一的原理。

关于这个假设，人们也许会做出无论什么样的设想，我们或者被它的简单性所诱惑，或者因它的人为特征而厌恶；赫兹能够想象这个简单事实，并认为它比我们习用的假设更为方便，这足以证明，我们通常的观念，尤其是空间的三维性，绝没有以一种无形的力量强加于力学。

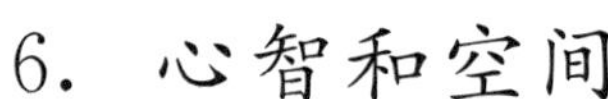

6. 心智和空间

因此，经验只不过起了单一的作用，它作为诱因而服务。可是，这种作用还是十分重要；我认为，必须使它凸现出来。假如存在强加于我们感性的**先验的**形式，而且它就是三维空间，那么这样的作用便毫无用处。

这种形式存在吗？或者，倘若你乐意的话，我们能够想象大于三维的空间吗？首先，这个问题意味着什么呢？很清楚，在该词的真正意义上，我们无法想象四维空间或三维空间；我们首先不能把它们想象成空虚的，而且我们既不能想象在四维空间中的对象，也不能想象在三维空间中的对象：(1)因为这两种空间都是无限的，我们无法想象在空间**之中**的图形，也就是说，若未表象整体，我们无法想象在整体**之中**的部分，由于整体是无限的，要表象它是不可能的；(2)因为这两种空间是数学连续统，我们只能够想象物理连续统；(3)因为这两种空间都是均匀的，而我们在其中容纳我们的感觉的、有限的框架不可能是均匀的。

这样一来，所提出的问题仅能用一种方式来理解；我们可以设想，当上述经验的结果不同时，我们必然被导致把三维以上赋予空间吗？例如，可以设想眼睛的调节感觉没有必要永久地与会聚感觉一致吗？或者，我们在第2节提到的经验，我们用“接触并非超距作用”的说法表达结果的经验，必然导致我们得出一个相反的结论吗？

可是，说真的，这显然是可能的；从人们设想经验的时刻起，恰恰就在那里设想经验可能给予的两种相反的结果。这是可能的，但并不是充分的，因为我们不得不推翻许多观念联想，这些观念联想是个人长期的经验和种族更为久远的经验的成果。正是这些观念联想(或者至少是我们从我们祖先那里继承下来的那一部分观念联想)，构成这种先验的形式(我们说过，我们有此形式的纯粹直觉)吗？我的确还没有看到人们应该宣称它难以分析的理由，以及应该使我摒弃研究它的起源的权利的理由。

当说到我们的感觉被“延长”时，这只能意味一件事，即它们总是与某些肌肉感觉的观念关联在一起，这些肌肉感觉对应于能使我们达到对象的动作，而该对象引起它们，换言之能使我们防御它。其原因恰恰在于，这种联想对于生物体的防卫来说是有用的，这在物种的历史上是如此古老，以致在我们看来，它似乎是坚不可摧的。无论如何，它只不过是联想而已，我们能够设想，它可以被破坏；结果，我们不可以说，若感觉不在空间进入，它便不能进入意识；可是事实上，感觉在空间未进入，即在未卷入这种联想的情况下，是不会进入意识的。

我不再能理解人们的下述说法：时间观念在逻辑上是继空间之后出现的，因为我们只有在形成直线的条件下才能够想象时间；以及时间在逻辑上是继垦荒种植之后出现的，因为时间通常被描述为手持镰刀之神。人们无法同时想象时间的不同部分，不用说，是因为，这些部分的基本特征严格地讲来不是同时的。这并不意味着我们没有时间的直觉。照此看来，我们也不再会有空间的直觉，因为我已经提到的理由，我们无法在该词的恰当意义上描述二者中的任何一个。我以直线的名义想象的东西是一种粗糙的图像，它不像几何直线，就如同它不像时间本身一样。

为什么说把第四维赋予空间的每一个尝试总是把这一维回归到其他三维之一呢？这是很容易理解的。考虑一下我们的肌肉感觉和它们可能形成的"系列"。由于大量的经验，这些系列的观念以十分复杂的纬线联系在一起，我们的系列被**分类**。为了语言上的方便，请允许我用完全粗糙的、甚至不精确的方式来表达我的思想，就是说我们的肌肉感觉系列分为对应于空间三维的三类。当然，这种分类比那种分类更为复杂，但它足以使我的推理变得可以理解。如果我希望设想第四维，我可以假定构成第四类一部分的另一个肌肉感觉系列。可是，因为我的**所有**肌肉感觉已被纳入三个预先存在的类之一，所以我只能想象属于这三类之一的系列，以致我的第四维被回归到其他三维之一。

这证明了什么呢？这证明，也许有必要首先摧毁旧的分类，并用新的分类代替它，在新分类中，肌肉感觉系列应该分为四类。困难也许消失了。

有时，它以更为引人注目的形式被提出来。假定我被禁锢在由四个墙壁、地板和天花板形成的六个不可逾越的界面内的房间内；我不可能走出去，也不可能想象会走出去。对不起，你不能设想门打开了或者两个墙壁分开了吗？可是，不用说，你回答道，人们必须假定这些墙壁依然不动。是的，可是很显然，我有权利运动；而且，我假定完全处于静止的墙壁将相对于我运动。是的，然而这样的相对运动不能是任意的；当对象静止时，它们相对于任何坐标系的相对运动是刚体运动；现在，你所设想的表观运动不符合刚体运动定律。是的，可是正是经验教导我们以刚体运动定律；没有什么东西妨碍我们**设想**这些定律是不同的。总而言之，我设想我走出了禁闭室，我只是设想，当我运动时，墙壁似乎裂开了。

因此，我相信，即使空间被理解为三维数学连续统，尽管它还是无定形的，构造它的也是心智，可是心智并未用不存在的东西构造它；它需要材料和模型。这些材料像这些模型一样，预先存在于心智内。然而，没有强加于心智的唯一模型；心智做了**选择**；它可以选择，例如可以在四维空间和三维空间之间做出选择。此时，经验的作用是什么呢？它给出选择所遵循的指示。

另一个问题是：空间由何处得到它的量的特征呢？它来自肌肉感觉系列在空间起源中所起的作用。这些是可以自身**重复**的系列，数就是从它们的重复中产生出来的；正因为它们本身能够无限地重复，所以空间是无限的。最后，我们在第 3 节的末尾看到，也正是因为这一点，空间才是相对的。同样也是重复，赋予空间以基本特征；现在，重复要以时间为先决条件；这足以断定，时间从逻辑上讲在空间之前。

7. 半规管的作用

迄今，我没有谈到生理学家有理由赋予重要意义的某些器官的作用，我指的是半规管①。大量的实验充分地表明，这些管道对于我们的定向感觉来说是必不可少的；可是，生理学家不完全一致；两种相反的理论提出来了，其一是马什一德拉热(Mach-Delage)的理论，其二是德·西翁(de Cyon)先生的理论。

德·西翁先生是一位生理学家，他因心脏的神经分布的重要发现而遐迩闻名；不过，我不能赞同他对摆在我们面前的这个问题的看法。由于我不是生理学家，所以我小心翼翼地批评他与马什一德拉热的理论针锋相对的实验；无论如何，在我看来，这些实验不是令人信服的，因为在许多实验中，一个半规管中的**总**压力引起变化，而在生理学上，变化的却是该管道两端上的压力**差**；在其他实验中，该器官易受严重的损害，这必然会改变它们的机能。

而且，这还不算是重要的；即使实验是无可指责的，那么它们就反对旧理来说也许是可信的。**就**新理论**而言**，它们恐怕不是可信的。事实上，如果我正确地理解了该理论，那么我对它的说明，足以使人们认识到，确信实验证实了它是不可能的。

三对半规管作为唯一的机能，能够告诉我们空间有三维。日本的鼷鼠只有两对半规管；它们也许自信空间只有二维，它们以最奇怪的方式显示出这种看法；它们各自把鼻子放到前一个的尾巴

① 半规管(the semicircular canal)是耳中的一种骨管。——中译者注

下，排列成圆圈，只要这样排好后，它们就急速地旋转。八目鳗只有一对半规管，它们认为空间只有一维，可是它们的表现却不怎么狂乱。

显而易见，这样的理论是不可接受的。感觉器官被设计告诉我们在外部世界所发生的**变化**。我感到不可理解的是，造物主为什么给我们以感官，这些感官注定无休止地大叫大嚷：记住空间有三维，因为这三维的数目不易受到变化。

因此，我们必须返回到马什一德拉热先生的理论。半规管神经所能告诉我们的是该管道两端的压力差，由此可知：(1)垂直于与头部牢固地结合在一起的三个坐标轴的方向；(2)头的重心平动的加速度的三个分量；(3)头转动所引起的离心力；(4)头转动的加速度。

从马什-德拉热先生的实验可得，最后这个指标是最重要的；毫无疑问，这是因为半规管神经对压力差本身没有对压力差的急剧变化敏感。前三个指标从而可以忽略。

知道头在每一时刻的转动加速度，我们通过无意识的整合作用，由此推断头参照于作为原点的某一初始取向的最终取向。因此，环形半规管有助于向我们告知我们已经进行的动作，而且是按照与肌肉感觉相同的根据告知我们的。因此，当我们在上面谈到系列 S 或系列 Σ 时，我们应该说，这些不仅仅是肌肉感觉系列，它们同时又是肌肉感觉系列和由半规管引起的感觉的系列。除了这句附言外，在前面所述的东西中，我们不会有什么改变。

在系列 S 和 Σ 中，半规管的这些感觉显然占据着十分重要的地位。可是，仅有它们还不够，因为它们只能告诉我们头的移动；

它们没有告诉我们身体的相对移动或身体的其他器官相对于头的移动。而且,它们似乎只告诉我们头的转动,而没有告诉头可能经受的平动。

第 二 编

物 理 科 学

第五章　解析和物理学

I

你无疑常常被询问，数学有什么用处，这些完全是心智所造的精致结构是否是人为的，是否出自我们的任性。

在提出这个问题的那些人当中，我应该做出区分；讲究实际的人要求我们的无非是生财之道。这些是非曲直无须做答；相反地，可以恰当地询问他们，聚敛如此之多的财富有什么用处呢，而且为赚钱逐利耗费时日，我们不得不把唯一能使我们获得心灵享受的艺术和科学置之脑后，这岂不是“为生存而牺牲生活的全部理由”吗。

此外，仅考虑应用的科学是不可能有的；真理只有结合在一起才是多产的。如果我们仅仅使自己囿于期望从中获得直接结果的真理，那就会缺少中间环节而不再连锁。

最藐视理论的人，他们天天毫不怀疑地吃理论的食物。倘若失去这种食物，进步会立即中止，我们将会像古老的中国那样，不久便会停滞不前。

够了，别说顽固不化的实际者了！此外，还有这样一些人，他们仅对自然兴味盎然，他们询问我们，我们是否能使他们更彻底地认识自然。

要答复这些人，我只需向他们指出两座已经粗凿而成的纪念碑——天体力学和数学物理学。

他们无疑应该承认，这些建筑物完全值得我们为之付出辛劳。可是，这还不够。数学有三个目的。它必定提供了研究自然工具。但这并非一切：它具有哲学的目的，我敢坚持，它还具有美学的目的。它必定能帮助哲学家揣摩数、空间、时间的概念。尤其是，数学行家能从中获得类似于绘画和音乐所给予的乐趣。他们赞美数和形的微妙和谐；当新发现向他们打开了意想不到的视野时，他们惊叹不已；他们感到美学的特征，尽管感官没有参与其中，他们难道不乐不可支吗？真的，只有少数有特权的人才被召唤充分享受其中的乐趣，可是对所有最杰出的艺术家来说，情况难道不也是这样吗？

这就是为什么我毫不犹豫地说，为数学而培育数学是值得的，为不能应用于物理学以及其他学科而培育理论是值得的。即使物理学的目的和美学的目的不统一，我们也不应牺牲两者中的任何一个。

可是另外还有：这两个目的是不可分割的，得到其一的最好办法是对准另一个，或者至少从来也不丧失对于它的观察。这就是我在阐明纯粹科学及其应用之间的关系的本性时正准备试图证明的东西。

对物理学家来说，数学家不应当仅仅是公式的提供者；在他们之间应该有更密切的协作。数学物理学和纯粹解析不仅仅是维持睦邻关系的两个接壤的强国；它们互通有无，它们的精神是相同的。当我指出物理学从数学得到什么和数学反过来从物理学借用什么时，这一切将会了如指掌。

II

物理学家不能要求解析家向他揭示新的真理；解析家最大限度只能帮助他预见真理。长期以来，人们依旧梦想先发制人地排斥实验，或梦想依靠某些不成熟的假设构造整个世界。以前人们还为之自鸣得意的那一切建筑物，今天留下的只不过是它们的废墟而已。

因此，一切定律都是从实验推出；但是要阐明这些定律，则需要有专门的语言；日常语言太贫乏了，而且太模糊了，不能表达如此微妙、如此丰富、如此精确的关系。

因此，这是物理学家不能够没有数学的一个理由；数学为他提供了他能够表述的唯一语言。精妙的语言不是无关紧要的东西；仅就物理学而言，发明**热**这个词的无名氏使多代人陷入错误之中。热被当作实物来看待，只是因为它被一种独立存在的实体所指谓，而且人们认为热是不可消灭的。

另一方面，发明**电**这个词的人却交了不应得的好运，无保留地把电守恒这个**新**定律给予物理学，由于纯粹的机遇，这个定律被认为是正确无误的，至少直到目前是这样。

好的，继续作比喻吧，舞文弄墨的作家，他们把语言视为艺术的对象，同时把它当作更为得心应手的工具，当作更易于表达思想的细微差别的工具。

接着，我们了解到，正是凭借此，以追求纯粹美学目的的解析家如何有助于创造一种使物理学家更为心满意足的语言。

可是这并非一切：定律虽然出自实验，但是并非直接而来。实验是个别的，而由它推出的定律却是普遍的；实验仅仅是近似的，而定律则是精确的，或者至少自称是精确的。实验总是在复杂的条件下完成的，而定律的表述则消除了这些复杂性。这就是所谓的“矫正系统误差”。

一句话，为了从实验得到定律，就必须加以概括；这就是强加在最为小心谨慎的观察者身上的必然性。但是如何概括呢？每一个特殊真理显然都可以用无限的方式加以扩展。必须在我们面前铺开的不计其数的道路中做出选择，至少应该做出暂定性的选择；在这种选择中，什么将指导我们呢？

这只能是类比。但是，这个词是多么模糊啊！原始人仅仅知道粗糙的类比，这是些给感官以印象的类比、颜色或声音的类比。他从来也不可能梦想到光与辐射热类似。

是什么东西教导我们认出这些眼睛看不见而理性却能神悟的、真正的和深奥的类似呢？

这就是轻内容而只重纯粹形式的数学心智。正是数学心智，教导我们把相同的名称给予仅在材料方面有差别的事物，例如用同一名称称呼四元数的乘法和整数的乘法。

如果我刚才讲过的四元数未被英国物理学家如此果断地加以利用，许多人无疑认为它们只不过是无用的空想，可是它们在教导我们比较外观毫不相干的事物时，已促使我们更巧妙地洞察自然的秘密。

这就是物理学家应该期望解析所做的帮助；但是要使这门科学能够向他们提供帮助，就必须以最广泛的方式培育它，而不能立即期待效用——数学家必须像艺术家那样去工作。

我们要求数学家帮助我们在我们面前敞开的迷宫中辨认、识别我们的道路。现在，数学家站得最高，看得最远。例子不胜枚举，我仅限于举最有名的。

第一个例子将向我们表明，改变语言如何足以揭示先前意想不到的概括。

当牛顿定律代替开普勒定律时，我们还只是知道椭圆运动。现在，就这一运动而论，两个定律仅仅在形式上不同；我们运用简单的微分法就可把一个定律变为另一个定律。可是，从牛顿定律出发，通过直接概括，就可以推导出摄动的所有结果和整个天体力学。另一方面，如果固守开普勒的表述，永远也不会有人把摄动行星的轨道看做是椭圆的自然概括，因为这些轨道是很复杂的曲线，从来也没有人写出曲线的方程。观察的进步只会有助于制造对混沌的信仰。

第二个例子同样值得考虑。

当麦克斯韦（Maxwell）开始他的研究时，被公认的电动力学定律直到他所处的时代能说明所有已知事实。得以使它们无效的不是新实验。然而，麦克斯韦独具慧眼，他在考察它们时看到，电动力学方程只要附加一项，就变得比较对称，而且这一项极为微小，与旧方法相比，它不会产生可觉察的影响。

你知道，麦克斯韦的先验观点等了 20 年才得到实验证实；或者，你如果乐意的话也可以说，麦克斯韦早在实验之前 20 年就有先见之明。这一成就是怎样获得的呢?

这是因为麦克斯韦深深地沉浸在数学对称性的感觉之中;如果其他人在他之前没有为对称性本身之美而研究对称性,他能够大功告成吗?

正因为麦克斯韦习惯"用矢量思考",可是矢量引入解析却是通过虚数理论。发明虚数的人几乎没有猜想到为研究实在世界能从虚数得到什么好处,他们给虚数取的名字(imaginaries,neomonics)就是充足的证据。

简而言之,麦克斯韦恐怕不是一位能干的解析家,不过这种能力对他来说可能只是无用的、讨厌的思想包袱。相反地,他在最大程度上具有数学类比的内在感觉。正是因此,他在数学物理学上成就卓著。

麦克斯韦的例子还告诉我们另外的事情。

应该如何看待数学物理学的方程呢?我们可以只推导一切结果并把它们视为不可捉摸的实在吗?远非如此;它们尤其应当告诉我们,能够改变什么,应该改变什么。只有这样,我们才能由它们得到某些有用的东西。

第三个例子向我们表明,我们如何可以察觉在物理学上既无表观关系,亦无真实关系的现象之间的数学类似,结果这些现象之一的规律有助于我们推测另一个现象的规律。

十分相同的方程,如拉普拉斯(Laplace)方程,在牛顿引力理论、液体运动理论、电势理论、磁理论、热传播理论以及其他许多理论中都遇到了。其结果是什么呢?这些理论似乎是相互复制出来的图画;它们相得益彰,彼此借用语言;试问一下电学家,由于受到流体动力学和热理论的启发，他们发明了力线通量(flux de force)这个术语，他们是否为他们的发明自我庆幸。

从而，数学类比不仅可以使我们预见物理类比，而且当物理类比不起作用时，数学类比也就不再是有用了。

总之，数学物理学的目的不仅仅便于物理学家进行某些常数的数值计算或某些微分方程的积分。此外，它尤其能使物理学家揭示出事物的隐藏的和谐，使其以新的方式看待事物。

在解析的所有部分中，可以说，提得最高的、最纯粹的部分在那些知道如何利用它们的人的手中将是最富有成果的部分。

III

现在让我们看看，解析把什么归功于物理学。

想不到了解自然的欲望在数学发展上具有最持久和最幸运的影响，就必然会完全忘却科学的历史。

首先，物理学家向我们提出问题，期望我们解决它们。可是，在向我们提出问题时，物理学家为此服务预付了大量报酬，如果我们解决了问题，我们便报答了他。

如果我可以被容许继续与优秀的艺术家比较的话，那么忘记外部世界存在的纯粹数学家也许就像这样一个画家：他知道如何把色和形和谐地组合起来，但却缺乏模特儿。他的创造力不久便会枯竭。

数字和符号可以形成的组合无限多。在这么多的组合中，我们将怎样选择那些值得引起我们注意的组合呢？我们将听任我们自己仅仅受到任性的指导吗？而且，这种任性本身不胜其烦，无疑会使我们有别天壤，我们很快就会互不理解。

然而，这只是该问题无关紧要的一面。毫无疑问，物理学将无疑防止我们彷徨歧路，而且也将保护我们免除令人可畏的危险；它将防止我们在同一个圈子里不停地团团转。

历史证明，物理学不仅促使我们在挤成一堆的问题中做出选择；而且它也迫使我们研究那些若无它我们永远也梦想不到的问题。不管怎样，虽然人的想象可以变化，但是自然的变化更加丰富多彩。为了追求它，我们必须选取被我们忽视的道路，这些路线往往能把我们引向绝顶，我们从那里将会发现新的疆域。物理学多么有用啊！

运用数学符号就像运用物理实在一样；正是在比较事物的不同方面的过程中，我们能够领悟它们的内部和谐，唯有这种内部和谐才是美的，从而值得我们努力追求。

我要引证的第一个例子太古老了，我们自然而然地忘掉它；不过，它却是最重要的。

数学思维的唯一天然对象是整数。正是外部世界把连续统给予我们，我们无疑发明了连续统，但却是外部世界强使我们发明的。没有连续统，就不会有微积分；整个数学科学本身便会降级为算术或置换理论。

相反地，我们几乎把我们的所有时间和我们的全部精力投入连续统的研究。谁会为此而懊悔不已呢；谁会认为这些时间和精力付之东流呢？解析在我们面前展现了算术从未预料到的无限的视野；它让我们一览宏伟的集合物，这些集合物的排列是简单的和对称的；反之，在数论中盛行的是没有预见性的东西，也可以说视野在每一步都要受到阻挡。

毫无疑问，有人会说，在整数之外没有严格性，从而没有数学真理；整数到处隐藏着，我们必须全力揭掉掩盖它的透明屏幕，即便这样做我们必须顺从没完没了的反复。但愿我们不是这样的语言纯正癖，让我们感谢连续统吧，纵令**一切**都出自整数，可是唯有连续统才能够创造出从那里出发的**如此之多的东西**。

埃尔米特先生把连续变量引入数论，获得了令人惊叹的成果，我还需要回忆这件事吗？于是，整数独有的领域被侵犯，这一侵犯在无序统治的地方建立起有序。

看看我们归功于连续统，从而归功于物理自然的东西吧。

傅里叶(Fourier)级数是分析不断使用的精密工具，正是用这种手段，才能描述非连续函数；为了解决与热传播有关的物理学问题，傅里叶发明了它。当然，如果这个问题未被提出，我们也许永远也不敢赋予非连续性以权利；我们还会长期地把连续函数视为唯一真实的函数。

函数概念由此被显著地推广了，并经一些逻辑解析家之手获得了意想不到的发展。这些解析家便这样冒险闯入最纯粹的抽象统治的领域，并且尽可能地远离了实在的世界。然而，正是物理学问题，给他们提供了机会。

继傅里叶级数之后，其他类似的级数也进入解析领域；它们是通过同一大门而进入的；它们是考虑到应用而被设想出来的。

二阶偏微分方程理论有类似的历史。它主要是借助物理学和为了物理学而得以发展的。然而，它可以采取许多形式，因为这样的方程不足以确定未知函数，必须使称之为极值条件的互补条件与之毗连；由此产生了许多不同的问题。

假如解析家沉湎于他们的自然倾向，那么他们永远也不知道除一之外的东西，科瓦列夫斯基夫人在她的著名论文中处理了这个问题。可是，还有他们可能会忽视的其他许多东西。物理学、电、热的每一个理论都在新的样式下向我们呈现这些方程。因此，可以说，没有这些理论，我们便不会知道偏微分方程。

不需要添加例子了。我足以能够得出结论：当物理学家请求我们解决问题时，这不是他们强加在我们身上的麻烦和责任，相反地，我们应该感谢他们的功劳。

IV

可是，问题并未到此为止；物理学不仅给我们提供解决问题的机会；而且它帮助我们找到解决问题的方法，为此有两种途径。它使我们预见答案；它以论据启迪我们。

我已在上面谈过拉普拉斯方程，在许多歧异的物理学理论中都会遇到它。在几何学中，在保角表示理论和纯粹解析中，在虚数理论中也可以再次发现它。

在这方面，在研究复变函数时，解析家发现许多物理图像，像他作为通常工具的几何学图像一样，他可以同样成功地使用这些物理图像。多亏这些图像，他才能对只会相继向他显示出来的纯粹演绎一目了然。这样，他把解的孤立成分聚集起来，在能够证明之前，他凭借直觉进行推测。

在证明之前推测！我需要回忆那些如此做出的所有重要发现吗？物理类比容许我们提出的、我们用严格推理难以确立的真理何其之多！

例如，数学物理学采用大量的级数展开。没有人怀疑这些展开收敛；但是缺乏数学确实性。对于将继我们之后而来的研究者而言，可以确信这些展开会被如此之多地征服。

另一方面，物理学不仅向我们提供解答；另外，它也在某种程度上向我们提供论据。这将足以使我回想起，在关于黎曼曲面的问题中，弗莱克斯·克莱因如何求助于电流的特性。

的确，在解析家加在这个词的意义上，这种类型的论据是不严格的。在这里，产生了一个问题：对于解析家来说并不充分严格的证明对物理学家来说怎么能够满足需要呢？看起来，不可能有两种严格，要么严格，要么不严格，而且在没有严格性的地方也不会有演绎。

通过回忆在什么条件下把数应用于自然现象，这个表观的悖论将会得到更好的理解。一般说来，在寻求严格性中所遇到的困难从何而来呢？在试图确定某个量趋于某一极限或某个函数是连续的或它具有导数的过程中，我们几乎总是要碰到困难。

现在，众所周知，物理学家用实验量度的数只能是近似的；而且，任何函数与你从非连续函数中选择的函数几乎总是没有多少差别，同时与你从连续函数中选择的函数几乎总是没有多少差别。因此，物理学家可以随意假定，所研究的函数是连续的或者是不连续的；它有导数或者没有导数；他们可以这样做，既不怕与目前的实验发生矛盾，也不怕与任何未来的实验发生矛盾。我们看到，由于这种自由，他嘲弄了把解析家难倒的困难。他总是可以推理，犹如在他的计算中所出现的所有函数是整多项式一样。

这样一来，使物理学家感到满足的概略并不是解析家所要求的演绎。但是，不能由此得出结论说，一个在发现中不能帮助另一个。如此之多的物理学概略已经转化为严格的证明，以至这种证明在今天是很容易的。还有许多例子，我岂不担心过多地引证它们会使读者厌倦。

我希望我所说的东西足以表明，纯粹解析和数学物理学可以相互服务，而不会彼此做出任何牺牲，这两门科学中的每一个都应当为提升它的联合的一切做法而欢欣鼓舞。

第六章　天文学

政府和议会必然感到，天文学是一门耗资庞大的科学：最小的仪器动辄花费数十万元，最小的天文台其费用以百万元计；每次日食、月食，还要给予临时拨款。这一切为的都是遥远的星球，它们对我们的竞选全然无知，多半将永远也不参加选举。情况必然是，我们的政治家保留着理想主义的残余。他们对什么是宏伟的东西还保留着模糊的本能；确实，我认为他们受到中伤；他们应该受到鼓励，应该证明这种本能没有欺骗他们，他们也不是容易受那种理想主义愚弄的人。

的确，我应该向他们谈谈导航，没有人会低估导航的重要性，而导航需要天文学。但是，这也许只领会到问题次要的一面。

天文学之所以是有用的，因为它能使我们超然自立于我们自身之上；它之所以有用，因为它是宏伟的；这就是我应该说的。天文学向我们表明，人的躯体是何等渺小，人的心智是何等伟大，因为人的理智能够包容星辰灿烂、茫无际涯的宇宙，并且享受到它的无声的和谐，人的躯体在它那里只不过是沧海一粟而已。这样一来，我们意识到我们的能力，这是一种花费再多也不算过分的事业，因为这种意识使我们更加强大非凡。

但是，我希望首先表明的是，由于天文学把能够领悟自然的心灵给予我们，它在多大程度上促进了比较直接有用的其他学科的工作。

想一想，假使人类处于阴云始终密布的天空之下，就像处于木星上那样，从来也不知道有其他星球，人类的声誉便会一落千丈。你想过没有，在这样一个世界上，我们会是现在这种样子吗？我清楚地知道，在这个昏暗的苍穹之下，我们被剥夺了像生息在地球上的生物体所必需的阳光。可是，如果你乐意的话，我们可以假定，这些阴云是发磷光的，放射出柔和的和持续的光。由于我们正在做假设，我们不再会失去另外的东西。好了！我重复我的问题：你想过没有，在这样一个世界上，我们会是我们现在这种样子吗？

星辰不仅向我们发出天然可见光，射入我们的肉眼，而且它们也向我们发出一种极为微妙的光，照亮我们的心智，我将极力向你表明心智的作用。你知道，数千年前地球上的人类的状况和今日的状况。在太古时代，人类在自然界中是孤立的，大自然的每一种事物对他来说都是神秘莫测的，他对不可理解的自然力的每一次异乎寻常的表现都感到惊恐不安，他没有能力认识宇宙万物的运行规律，以为它们是变幻无常的；他把一切现象都归因于古怪的、苛刻的小神怪的诸多行为，为了在这个世界上过活，他借助于为获得执行人或代理人的善意恩典所使用的类似方法，力图去迎合神怪。即使失败了，他仍执迷不悟，与当今遭到拒绝的乞丐仍不灰心丧气、继续沿门乞讨相比，真是有过之而无不及。

今天，我们不再乞求自然；我们命令自然，因为我们发现了它的某些秘密，我们每天都将发现它的其他秘密。我们以定律的名义命令自然，它不能对此提出异议，因为这些定律是它的规律；我们不能疯狂地要求自然改变这些规律，我们首先必须服从它们。**只有服从自然，才能支配自然**。

从昔日的状况变到今日的状况，我们的心灵必须经受多么大的变革啊！任何一个人是否相信，没有星辰的教训，终日处在我刚才假定的阴霾笼罩的天幕之下，他们能够变革得如此之快吗？这一变化是可能的呢，或者至少不会慢很多呢？

首先，正是天文学教导我们存在着规律。首次注意观察天象的古代巴比伦的迦勒底（Chaldea）人看到，如此众多的发光点并非乌合之众，而如纪律森严的军队。毋庸置疑，他们不了解这种纪律的准则，繁星点点的夜空的和谐壮观便足以给他们以规律性的印象，这本身已经是伟大的成果。此外，希帕克（Hipparchus）、托勒密（Ptolemy）、哥白尼（Copernicus）、开普勒一个接一个地觉察到这些准则，最后无须回忆，正是牛顿，阐明了所有自然定律中最熟悉、最精确、最简单、最普遍的定律。

仰观如是，俯察亦然；我们清楚地看到，我们小小的地上世界表面看来是无序的，可是我们在这里也再次发现天体研究向我们揭示出的和谐。它也是有规则的，它也服从永远不变的定律，但是定律更复杂，且在表观上互相冲突，未经其他观测训练的眼睛也许看到的只是混沌，只是偶然和任性的统治。纵使我们不了解星辰，一些大胆的人也许还想预见物理现象；但是，他们必然会屡遭失败，他们只会引起庸夫俗子的耻笑；难道我们没有看到，即使在今日，气象学家有时也会受骗，一些人不是总想嘲笑他们吗？

如果物理学家没有天文学家的出色成功例证来坚定他们的信念，那么物理学家会被如此之多的牵制弄得垂头丧气，他们将要多么经常地陷入绝望之境啊！天文学家的成就向他们表明，自然服从规律；剩下的只是了解规律是什么；为此，他们只需要耐心，他们有权利要求怀疑论者应该信任他们。

这并非问题的全部：天文学不仅教导我们存在着规律，而且教导我们无法摆脱规律，在这里没有与之调和的余地。如果我们仅仅知道地上的世界——在这里，每一种基本的自然力在我们看来似乎总是与另一种自然力相抵触——那么要理解上述事实需要多少时间呢？天文学教导我们，规律是无限精确的，如果我们阐明的定律是近似的，那只是因为我们不完全了解它们。古代最科学的头脑亚里士多德还把作用归于偶然、机遇，他似乎认为，自然规律，至少是地球上的自然规律只是确定现象的大致特征。对于纠正认为自然不可理解的谬论，天文学预言的日渐精确做了多么大的贡献啊！

但是，这些规律岂不是像人为的规律那样是局域的、因地而异吗；在宇宙一隅，例如在我们地球上或我们小小的太阳系内是真理的东西，稍微远离一些岂不变成谬误吗？其次，难道不可以询问，因地而异的规律是否不因时而异，它们是否是简单的习惯从而是暂时的和短命的？又是天文学再次回答这个问题。考虑一下双星；它们的轨道是圆锥曲线；这样，在望远镜所及的距离内，都没有超出服从牛顿定律的领域。

甚至这个定律的简单性对我们来说也是一种训诫；多么复杂的现象都包含在该定律表述的两个界限内；不了解天体力学的人至少可以从这门科学所处理的范围中形成关于它的一些观念；而且可以期望，物理现象的复杂性同样隐藏着我们还不知道的某个简单的原因。

因此，正是天文学向我们指出，什么是自然规律的普遍特征；可是，在这些特征中，有一个最微妙、最重要的特征，我想请求允许我强调一下。

像毕达哥拉斯(Pythagoras)、柏拉图(Plato)或亚里士多德这些古人是如何理解宇宙的秩序呢？宇宙的秩序或者被看做是一劳永逸地确定了的、永世不变的模式，或者被看做是世界试图趋近的理想。开普勒本人也曾这样设想，例如在他寻求行星到太阳的距离是否与正五面体有某种关系时。这种观念虽说不是无稽之谈，但却毫无成效，因为自然并非如此构成。牛顿向我们表明，定律只不过是世界的目前状态和它的紧接着的后继状态之间的必然关系而已。从此发现的所有其他定律概莫能外；总而言之，定律就是微分方程；可是，正是天文学为定律提供了第一个模型，没有这个模型，我们无疑会长期误入歧途。

天文学也教导我们轻视外观。当哥白尼证明，被认为是最稳定的东西处于运动之中，被认为正在运动的东西是固定不动时，他向我们表明，从我们感觉的即时材料直接得到的朴素推论是多么不可靠。的确，他的观念不容易获胜，但是一旦获胜之后，就不再有我们不能够摇撼的根深蒂固的偏见。我们怎样才能估计如此赢得的新武器的价值呢？

古人认为万物皆为人而设，这种错觉必定是十分顽固的，由于它在任何时候都必然遭到反对。然而，必须抛弃它；否则，人们将只能是永远近视的，无法看到真理。为了理解真理，人们必须能超脱自身，也可以说，从许多不同的观点来沉思自然；要不然，我们将始终只知其一而不知其二。现在，超脱自身是把万物归诸他自己的人无法做到的。谁能把我们从这种错觉中解救出来呢？正是那些向我们表明地球仅仅是太阳系最小的行星之一，而太阳系本身只不过是恒星宇宙的无限空间中一个微不足道的点的人。

与此同时，天文学家还教导我们不要害怕大数。这不仅对于了解天象来说是需要的，而且对于了解地球本身来说也是必不可少的；这并不像我们今天看来那么容易。让我们试图追溯并想象一下，假如告诉古希腊人，红光每秒振动四百万亿次，他们会想些什么呢？毫无疑问，这样的主张在他们看来好像是纯粹的狂言乱语，他们从来也不会屈尊去检验它。今天，假设在我们看来似乎不再是荒诞不经的，因为它迫使我们设想比我们的感官能够向我们揭示的大得多或小得多的对象，我们不再存有束缚我们前辈的那些顾忌了，前人只是因为害怕它们，才妨碍他们去发现某些真理。可是，原因何在呢？这是因为我们看到天不断地扩大着；因为我们知道太阳距地球 1.5 亿公里，最近的恒星的距离比这还要大几十万倍。在习惯于思考无限大之后，我们也变得易于理解无限小。多亏所接受到的教育，我们的想象犹如不被阳光所炫的鹰眼一样，能够直面真理。

正是天文学造就了我们能够理解自然的心灵；在终日阴霾笼罩、无有星辰的天空之下，地球本身对我们来说也是永远不可认识的；我们在那里看到的只是任性和无序；不认识世界，我们永远也不能征服世界；我的这些说法错了吗？什么样的科学会更有用呢？在这样说时，我使自己置身于只重视实际应用的人的观点上了。确实，这种观点不是我的；至于我，却与此相反，如果我赞美工业的成就，那尤其是因为，当工业成就使我们摆脱了物质的牵累时，便会有一天给大家以思考自然的余暇。我不说：科学是有用的，因为它教导我们制造机器。我要说：机器是有用的，因为它们为我们做功，将在某一天给我们留下更充裕的从事科学的时间。但是，最后值得指出的是，在这两种观点之间没有对抗性，倘若有人追求无私的目标，所有其他人都会追随他的。

奥古斯丁·孔德(Auguste Comte)在某处说过，企图了解太阳的构成是无用的，因为这种知识对社会学毫无用处。他为何如此眼光短浅呢？用孔德的话来说，人类从神学状态过渡到实证状态，难道我们刚才没有看到，这正是由于天文学所为吗？他为此找到说明，因为那是已经发生过的事情。但是，他怎么不理解，继续要做的事情并非不重要，也许并非无用呢？他好像谴责物理天文学，可是这门科学已经开始结果了，它将给我们更多的东西，因为它的历史只是始于昨天。

首先发现了太阳的性质，实证论的创始人想要我们拒绝相信这一切，在地球上本来存在、但是依然没有被发现的物质却在太阳上找到了；例如氦，它是几乎像氢一样轻的气体。这已经驳斥了孔德。可是，我们以完全不同的方式把珍贵的教益归功于分光镜；它向我们表明，在最遥远的恒星上有相同的物质。人们必然会问，地上的元素是否由于某种机遇而使比较纤细的原子聚集在一起，由它们构成更复杂的大厦，即化学家所谓的原子；在宇宙的其他区域，另外一些偶然的相遇是否造成完全不同的大厦。现在我们知道，情况并非如此，我们的化学定律是自然的普遍定律，这些定律绝非归因于机遇，而机遇却促成我们在地球上诞生。

但是，有人会说，天文学把它所能给予的一切给了其他科学，现在上天为我们赢得了使我们能够研究地上自然的工具，天空可以毫无威胁地把它永远遮蔽起来了。在我们刚才说过那些之后，还需要回答这种异议吗？人们在托勒密时代也会推出同样的结论；当时人们也认为，他们无所不知，可实际上他们几乎还不得不事事学习。

恒星是宏伟的实验室，巨大的坩埚，这是化学家梦想不到的。在那里，温度之高是我们无法达到的。它们的唯一不足之处就是远了一点；但是望远镜将使它们马上与我们接近起来，于是我们将会看到，物质在那里是如何作用的。这对物理学家和化学家来说多么幸运啊！

在千千万万个不同的状态下，物质向我们显示出它的本来面目：从似乎形成星云的和发光的——我不知道闪闪发光的秘密来源是什么——稀薄气体，直至白炽的恒星和如此相近可又如此相异的行星。

或许，星球甚至将在某一天向我们透露有关生命的信息；这似乎是痴人说梦，我一点也看不到这如何能够被实现；可是，100 年前，星球化学家难道不是也显露出疯狂的梦想吗？

纵使我们的视野限于不远的地平线，但是并非偶然的、十分诱人的指望依然存在。过去给予我们的收获已经不少，我们可以确信，未来的收获将比过去更多。

一言以蔽之，令人难以置信的是，信仰占星术对人类是多么有用。如果说开普勒和第谷·布拉赫之所以有生计可谋，那正是因为他们向幼稚的国王兜售所发现的星球交会的预言。假使这些君主不如此轻信，我们也许还相信自然是任性的，我们还会沉迷于无知。

第七章　数学物理学的历史

物理学的过去和未来。数学物理学的现状如何？它可能向自己提出的问题是什么？它的未来如何？它的方向正要受到修改吗？

今后十年，对我们的直接后继者来说，这门科学的目的和方法会呈现出与我们自己所看到的相同的模样吗？或者相反地，我们正要目睹引人注目的变革吗？在我们今天着手进行研究时，这是一些不得不提及的疑问。

如果说提出这些疑问是轻而易举的话，那么要回答它们却相当困难。倘若我们被诱使冒风险做预言，那么只要想一想，某些人曾经询问100年前的最著名的学者，19世纪这门科学会是什么样的，而这些学者却做出了愚蠢的回答，于是我们便会容易地抵制这一诱惑。这些学者曾认为他们大胆地做了预言，而在那次事变之后，我们却发现他们是何等胆怯。因此，请不要期望我做任何预言。

可是，即使像所有谨慎的医生一样，我回避根据症状预测疾病能否治愈，但也不能不做一点诊断；是的，不错，那里存在着严重危机的迹象，似乎我们可以期待一种行将到来的变革。然而，不必太担心：我们确信，病人不会因此而死亡，我们甚至可以期望，这次危机将会受到欢迎，因为过去的历史似乎向我们保证了这一点。事实上，这次危机并不是第一次，为了理解它，重要的是要回顾先前发生过的那些危机。原谅我接着做一个简要的历史概述吧。

有心力物理学。正如我们知道的，数学物理学诞生于天体力学，而天体力学在 18 世纪末产生，当时天体力学本身得到了全面的发展。尤其是在早年，幼儿酷似其母。

天文学的宇宙是由质量形成的，这些质量很大，可是无疑相距极其遥远，以至于在我们看来，它们似乎只不过是质点而已。这些质点相互吸引，引力的大小与距离的平方成反比，这种引力是影响它们运动的唯一的力。如果我们的感官敏锐到足以向我们表明物理学家所研究的物体的所有细节，那么由此所揭示出的景象就几乎与天文学家所注视的景象没有什么差别。在那里，我们也会看到，这些质点相互远隔，它们的间隔与它们的尺度相比极大，而且按照固定的规律描绘轨道。这些无限小的星球是原子。像星球本身一样，原子相互吸引或排斥，这种引力或斥力沿着连结它们的直线，仅与距离有关。这种力按照规律作为距离的函数而变化，其规律也许不是牛顿定律，而是类似的定律；它的指数不是－2，我们也许有不同的指数，从这种指数变化中产生出所有各种各样的物理现象，产生出形形色色的性质和感觉，产生出我们周围的五光十色的、万籁齐鸣的整个世界；一言以蔽之，产生出整个自然界。

最纯粹的、最原始的概念就是这样的。为了说明所有的事实，唯一遗留下来的问题是要寻找在不同的情况中应当赋予这个指数以什么样的值。例如，正是在这个模型的基础上，拉普拉斯建构了他的优美的毛细现象理论；他认为毛细现象只是吸引的特例，或者如他所说，只是万有引力的特例，人们在《天体力学》五卷之一中找到它时，并不感到惊讶。最后，布里奥(Briot)相信，他通过证明以太原子以反比于距离六次方的力相互吸引，洞察到光学的最后秘密；而麦克斯韦本人难道没有在某处说过，气体原子以反比于距离的五次方的力相互排斥吗？我们有指数－6或－5，而不是－2，然而它始终是指数。

在这个时代的理论中，只有一个例外，那就是傅里叶理论；在傅里叶理论中，实际上存在着相互超距作用的原子；这些原子彼此传导热，但是它们不吸引，也从来不运动。从这种观点出发，无论在傅里叶同代人的眼中，还是在他本人的眼中，傅里叶理论必然是一种不完善的、暂定性的理论。

这一概念并非不宏伟壮观；它是富有魅力的，我们中间的许多人并未最终抛弃它；他们知道，只有耐心地分析感官向我们提供的错综复杂的材料，人们才能达到事物的终极要素；我们必须循序渐进，不可忽略中间环节；我们的祖先期望越阶而趋，结果铸成大错；但是他们相信，当人们达到这些终极要素时，他们在那里将再次发现天体力学惊人的简单性。

这种概念也不是无用的；它给我们提供了无法估计的好处，因为它促使物理定律的基本概念变得精确了。

我将说明我自己的意思；古人是怎样理解定律的？对他们来说，定律是内在和谐，是静态的，也可以说是永远不变的；要不然，定律就像自然力图摹拟的模特儿一样。在我们看来，定律是某种完全不同的东西；它是今天的现象和明天的现象之间的恒定关系；简言之，它是微分方程式。

看看物理定律的理想形式吧；好的，正是牛顿定律第一个为它着装。如果说人们当时在物理学中适应这种形式，那恰恰是由于极力模仿牛顿定律，模拟天体力学。况且，这就是我在第六章中曾经力图阐明的观念。

原理物理学。无论如何，有心力的概念似乎不再足够的一天到来了，这恰恰是我现在说的那些危机中的第一次危机。

当时做了些什么呢？我们抛弃了洞察宇宙结构细节的企图，抛弃了隔离这个庞大的机械装置的部件的企图，抛弃了逐个分析使它们处于运动的力的企图，我们满足于把某些普遍原理作为指导，这些原理表达了使我们省却对其进行细微研究的对象。怎么会这样呢？假定我们面前有任何一台机器；只能看到前轮和后轮转动，但是联动机件、把运动从一个部件传送到另一个部件的运转部分却隐藏在内部，我们无法看见；我们不知道，传动是通过齿轮还是皮带进行的，或是通过连杆或其他机械装置进行的。我们能说，只要不容许我们把这台机器拆卸为部件，我们就不可能了解它吗？你清楚地知道，我们不必这样做，能量守恒原理足以使我们确定最为有趣的特征。我们很容易确定，后轮比前轮转动慢十倍，因为这两个轮是可以看见的；我们能够由此得出结论说，施加于一个轮的力偶与施加于另一个轮的十倍大的力偶均衡。为此不需要识破这种平衡的机制，不需要了解这些力在机器内部如何相互补偿；人们足以确信，这种补偿不能不发生。

好了，谈到宇宙，能量守恒原理同样能够为我们服务。宇宙也是机器，这台机器比工业中的所有机器要复杂得多，它的几乎所有的部分都对我们深深地隐藏着。但是，通过观察我们能够看见的那些部分的运动,借助于这个原理,我们就能够得出依然是真实的结论,而不管使它们运转的不可见的机械装置的细节可能是什么。

能量守恒原理,或迈尔(Mayer)原理肯定是最重要的原理,但它并不是唯一的原理;还有其他原理,我们能够从中得到同样的利益。这些原理是:

卡诺(Carnot)原理或能量退降原理。

牛顿原理或作用与反作用相等原理。

相对性原理,根据该原理,对于静止的观察者就像对于做匀速运动的观察者一样,物理现象的定律必然是相同的;因此,我们没有而且也不可能有任何办法辨别我们是否作匀速运动。

质量守恒原理或拉瓦锡(Lavoisier)原理。

我想加上最小作用原理。

把这五六个普遍原理应用于不同的物理现象,就足以使我们从它们那里获悉,我们有理由期望了解的一切。这种新数学物理学的最显著的例子无疑是麦克斯韦的光的电磁理论。

以太是什么,它的分子如何排列,这些分子相互吸引还是相互排斥,我们对此一无所知;可是我们知道,这种媒质同时传播光振动和电振动;我们知道,这种传播的发生方式与力学的普遍原理一致,并且足以使我们建立电磁场方程。

这些原理都是大胆概括的实验的结果;但是它们似乎是从它们的真正的普遍性得到高度的确定性。事实上,原理愈普遍,检验它们的机会就愈频繁,证实的次数愈增加,采取的形式最多样、最意外,结果就不再留有怀疑的余地。

旧物理学的效用。这是数学物理学历史的第二个阶段,我们还没有从中摆脱出来。我们能说第一阶段毫无用处了吗？我们能说科学在50年间误入歧途了吗？除非我们忘记往昔的千辛万苦——邪恶的思想预先宣告它们要失败——我们能说一切都付之东流了吗？世界上绝没有这样的事。没有第一阶段，你能设想第二阶段出现吗？有心力的假设包含了所有原理；它把它们作为必然的结果而包括进去；它包括能量守恒和质量守恒这两个原理，也包括作用与反作用相等原理以及最小作用原理，这些原理确实不像实验的真理，而是定理；同时，这些原理的表述在它们目前的形式下比较精确，但却不大普遍。

正是我们祖先的数学物理学，使我们逐渐熟悉了这些不同的原理；使我们习惯于透过它们伪装它们自己的各种外衣而辨认它们。人们把它们与经验材料加以比较，从而看到，修正它们的表述以使它们适应于这些材料是多么必要；因此，它们得以扩展和加强。这样一来，它们终归被视为实验的真理；有心力的概念从而变成无用的支座，或者确切地说，变成一种障碍，因为它使原理带有假设的特征。

于是，框架没有打破，因为它们是弹性的；不过它们扩大了；我们的祖先建造它们并非劳而无功，在今日的科学中，我们辨认出他们探索的梗概的一般特性。

第八章　数学物理学当前的危机

新危机。我们现在正要进入第三个时期吗？我们处在第二次危机的前夜吗？我们赖以建设一切的这些原理本身也要崩溃吗？这在一段时间已是中肯的疑问。

当我这样说时，你无疑会想起镭这个当代伟大的革命家，事实上，我将马上回过头来谈论它；可是，还有其他一些东西。不仅能量守恒定律成问题，而且所有其他的原理也同样遭到危险，正如在它们相继接受审查时我们将要看到的那样。

卡诺原理。让我们从卡诺原理开始。这是唯一不以有心力假设的直接结果而出现在眼前的原理；不仅如此，情况似乎是这样：即使它与那个假设不直接发生矛盾，但是若不做出某种努力，它至少不与那个假设一致。假如物理现象毫无例外地起因于原子的运动，而原子的相互引力仅仅依赖于距离，那么所有这些现象看来应当是可逆的；假如所有的初速度反向，这些总是受到同样的力的原子应当反方向沿着它们的轨道运行，就像地球运动的初始条件被颠倒，它在逆行方向上描绘出的椭圆轨道与在顺行方向上描绘出的相同一样。为此缘故，倘若一种物理现象是可能的，那么相反的现象同样应该是可能的，人们当然能够追溯时间的进程。可是，在自然界中并非如此，这恰恰是卡诺原理教导我们的；热能够从热的物体传到冷的物体；此后却不可能使它采取相反的路线而建立起已被消除的温度差。运动能够因摩擦全部耗散而转化为热；相反的转化却只能部分地进行。

我们力求调和这个表面上的矛盾。假使世界趋向于一致，这并不是因为它的乍看起来不相似的终极要素倾向于变得越来越没有多大差别；而是因为这些要素杂乱无章地移动，最后混为一体。对于能够区分一切要素的慧眼而言，变化依然是很大的；这个粉末的每一个颗粒都保持它的独特性，而不模仿它的近邻；但是，当混合变得越来越充分时，我们粗糙的感官只能察觉到一致。例如，这就是温度趋于平均水平而没有返回的可能性的原因。

一滴葡萄酒滴入盛水的玻璃杯；不管液体的内在运动规律如何，我们马上将会看到，水染成了均匀的玫瑰色，从这时起，人们无论如何把玻璃杯摇动多么长的时间，葡萄酒和水恐怕也不能再次分开。在这里，我们有不可逆物理现象的典型例子：把一粒大麦藏在一堆小麦之中，这是很容易的；其后，要找到它、取出它，这实际上是不可能的。麦克斯韦和玻耳兹曼(Boltzmann)已经说明了这一切；但是，只是吉布斯(Gibbs)在他的《统计力学基本原理》一书中最清楚地理解了它，因为该书多少有点深奥难解，读它的人寥寥无几。

在采纳这种观点的人看来，卡诺原理只不过是一个不完善的原理，是对我们感官弱点的一种承认；正因为我们的双眼不敏锐，以至于我们无法区分混合的要素；正因为我们的双手不灵巧，以至于我们不能迫使它们分开；能够一个一个地拣选分子的虚构的麦克斯韦妖完全可以强使世界返回到原处。世界能够逆行吗？这并非不可能,只不过是无限不可几而已。机遇就是我们应当长时间地等待会容许逆行的境遇的汇合;但是,机遇或早或迟将出现,不过要在多年之后,其数目要用数百万个数字才能书写出来。无论如何,所有这些保留完全是理论上的;它们不会使我们焦虑不安,卡诺原理依然保持它的全部实际价值。然而,在这里,舞台有所变化。很久以前,生物学家借助于他的显微镜观察到,在他制备的悬浮液中,有小粒子无规则地运动着;这就是布朗运动。布朗(Brown)起初认为这是生命现象,但不久他看到,无生命体的活跃之状并不亚于有生命体;于是他把这个问题移交给物理学家。不幸的是,物理学家长期以来对这个问题不感兴趣;他们猜想,问题集中在光照射显微镜下的悬浮液;由光生热;从而引起温度不均和液体中的内部液流,液流产生了所提到的运动。古伊(Gouy)先生想到比较周密地进行观察,他看到或者据说他看到,这种说明是站不住脚的,粒子越小,运动变得越活跃,可是它们不受光照方式的影响。于是,如果这些运动永不停止,或者更确切地说,如果这些运动在不从外部能源获得任何能量的情况下不断地再生,那么我们应当相信什么呢?诚然,我们不应该为此缘故而拒绝相信能量守恒,但是我们亲眼看到,运动时而因摩擦转化为热,热时而反过来又变为运动,而且这种转化毫无损失,因为运动永远持续进行着。这与卡诺原理针锋相对。如果情况如此,为了观察世界逆行,我们不再需要麦克斯韦妖的无限敏锐的眼睛;我们的显微镜就足够了。过大的物体,例如十分之一毫米的物体,从四面八方受到运动着的原子的碰撞,但是物体并不轻微移动,因为这些撞击为数极多,偶然性法则使得它们相互抵消;粒子较小,受到的撞击过少,这种抵消肯定不会发生,它们便可以持续不断地漫游。眼看我们的原理之一已处于危险之中。

相对性原理。让我们转向相对性原理:这不仅被日常经验所确认,不仅是有心力假设的必然结果,而且它不可抗拒地强加于我们健全的感觉中,可是它也受到攻击。考虑两个带电体;在我们看来,尽管它们表面上是静止的,但是它们二者却随地球一起运动;罗兰(Rowland)告诉我们,运动着的电荷等价于电流;因此,这两个带电体等价于同方向上的两个平行电流,而且这两个电流应该相互吸引。通过量度这种引力,我们将会量度出地球的速度;这不是相对于太阳或固定恒星的速度,而是它的绝对速度。

我完全知道所说的意思:所量度的不是地球的绝对速度,而是它相对于以太的速度。这是多么不能令人满意的事啊！从这样理解的相对性原理出发,我们不再能推断出任何结论,情况难道不明显吗？相对性原理不再能够告诉我们任何东西,恰恰是因为它不再害怕任何矛盾。如果我们成功地量度了一切,我们总可以自由地说,这不是绝对速度,即使它不是相对于以太的速度,但总可以是相对于我们用来充满空间的某种未知的新流体的速度。

实际上,实验已经担当起摧毁相对性原理的这种诠释的任务;量度地球相对于以太的速度的尝试导致了否定的结果。这一次,实验物理学比数学物理学对该原理更有信心;理论家为了与他们的其他普遍观点相一致,不想宽恕它;但是实验却顽强地固守它。实验手段几经改变;迈克耳孙(Michelson)终于把精确度推进到它的最后极限;从中依然得到否定的结果,今天,数学家不得不使用他们的全部智谋,来准确地说明这个难题。

他们的任务并非轻而易举，即使洛伦兹(Lorentz)完成了这个任务，那也只不过是通过堆积假设而已。

最有独创性的思想是地方时思想。设想两个观察者希望用光信号来校准他们的时计；他们交换信号，但是因为他们知道，光传递并不是瞬时的，所以他们仔细地交换信号。当 B 地接收到从 A 地发出的信号时，它的时钟所指示的时间不应与 A 地的时钟在发送信号时刻所指示的时间相同，这个时间要加上表示传递持续时间的常数。例如，设 A 地的时钟指向时间 0 时，A 地发送它的信号，B 地接收到信号时，其时钟指向时间 t。如果等于 t 的所慢时间表示传递的持续时间，那么时钟便被校准；为了核验它，在 B 地时钟指向 0 时轮到由它发出信号；于是，当 A 地时钟指向 t 时，A 地应当接收到信号。这样一来，时计已被校准。

实际上，它们在同一物理瞬时指示的是相同的时间，但却是在一个条件下，即两地是固定的。另外，传递持续时间在两个方向上并不是相同的，例如，因为 A 地向前运动遇到从 B 发出的光振动，而 B 地在从 A 发出光振动之前就离开了。因此，用那种方法校准的钟表指示的将不是真实时间；它们将指示所谓的**地方时**，结果它们中的一个将比另一个慢。这没有什么关系，因为我们无法察觉到它。例如，在 A 地发生的一切现象都将延迟，但是所有一切都同样如此，而且观察者将不会察觉到它，因为他的钟表也变慢了；这样一来，正如相对性原理所要求的，他将无法知道，他是处于静止还是处于绝对运动之中。

不幸的是，这还不够，还需要有辅助假设；必须承认，运动着的物体在运动方向经受均匀的收缩。例如，地球的直径之一由于我们行星的运动而收缩二亿分之一，而其余的直径则保持它的正常长度。从而，最后的微小差别被补偿。然而，还有关于力的假设。在被匀速平移所激励的世界中，力不管它们的来源如何，是重力还是弹性力，都要按照某一比率减小；或者更确切地说，对于垂直于平移的分力而言才会发生这种情况；平行于平移的分力不会变化。现在，继续讲我们的两个带电体的例子；这两个带电体相互排斥，可是与此同时，如果二者都匀速平移，它们便等价于两个同一方向的平行电流，结果互相吸引。因此，这种电动引力削弱静电斥力，总斥力比两个带电体处于静止时要微弱。但是，由于要量度这个斥力，我们必须用另一个力与之平衡，而所有其他的力都按相同的比率减小，以至于我们什么也察觉不到。这样，一切似乎都安排好了，但是所有的疑问都烟消云散了吗？如果人们可以用传播速度与光速不同的非光信号通讯，会发生什么情况呢？在用光学程序校准钟表后，如果我们希望借助于这些新信号核验是否校准，那么我们便会观察到差异，这种差异使两地的公共平移变得很明显。假使我们和拉普拉斯一起承认，万有引力传递得比光快 100 万倍，这样的信号是不可思议的吗？

这样一来，在后来这几个回合，相对性原理被勇敢地保全下来，可是防卫愈勇证明攻击愈烈。

牛顿原理。现在，让我们谈谈关于作用与反作用相等的牛顿原理。这个原理和前述的原理密切相关，一个原理的倒塌的确好像包含另一些原理的倒塌。因此，我们不必在这里为发现同样的困难而大惊小怪。

根据洛伦兹理论，电现象起因于叫做电子的小带电粒子的位移,电子沉浸在我们称为以太的媒质中。这些电子的运动引起周围以太扰动,以太扰动以光速沿每一个方向传播,当扰动到达与原先处于静止的其他电子相接触的以太部分时,促使这些电子本身也振动起来。因此,电子相互作用,但是这种作用不是直接的,而是通过以太作为媒介而实现的。在这些条件下,至少对于仅考虑物质的即电子的运动而对他无法看见的以太的运动一无所知的观察者来说,在作用与反作用之间能够存在补偿吗?显然不能。即使补偿是严格的,它也不可能是同时的。扰动是以有限的速度传播的;因此,只有当第一个电子很久以前开始静止时,扰动才能到达第二个电子。从而,第二个电子在延迟一段时间之后才受到第一个电子的作用,但是在这个瞬时,它肯定没有反作用于第一个电子,因为在第一个电子周围没有任何较长时间的轻微移动。

对事实的分析容许我们更为精密一些。例如,设想一下类似于无线电报中所用的赫兹(Hertz)振荡器;它向各个方向发射能量;但是我们可以给它装上抛物柱面镜,正如赫兹对他的小振荡器所作的那样,以便把产生的全部能量向一个方向发射。按照洛伦兹理论,接着会发生什么情况呢?这个装置发生反冲,仿佛它是大炮而发射的能量是炮弹;这与牛顿原理相反,因为我们的抛射体在这里没有质量,它不是物质,它是能量。而且,这种情况与装有反射镜的灯塔相同,由于光无非是电磁场的扰动。这个灯塔应当反冲,犹如它发出的光是抛射体。能够引起这种反冲的力是什么呢?它就是所谓的麦克斯韦一巴托利(Bartholi)压力。这种压力极小,即使用最灵敏的辐射计,也很难为它提供证据;但是它的确存在着,这就够了。

假使从我们的振荡器发出的全部能量射到接收器上，那么这就像接收器受到机械冲击那样起作用，在某种意义上，这相当于振荡器反冲的补偿；反作用将等于作用，但它并不是同时的；接收器将继续运动，但并不是在振荡器反冲的时刻。假如能量无限期地传播而没有遇到接收器，补偿将永远不会发生。

空间把振荡器和接收器分隔开来，扰动必须通过空间才能从一个传递到另一个，这种空间并非虚空，它不仅充满着以太，而且也充满着空气，甚或在星际空间中也充满着某种稀薄的、但却是可称量的流体；这种物质在能量到达它的时刻像接收器一样经受冲击，当扰动离开它时本身又发生反冲；我们可以这样说吗？这样说固然可以保全牛顿原理，但并不是真实的。如果能量在扩散中总是附属于某种物质基础，那么运动着的物质便随身携带光，而斐索(Fizeau)已经证明情况并不是这种类型，至少对于空气而言并非如此。后来，迈克耳孙和莫雷(Morley)确认了这一事实。也可以假定物质本身的运动严格地被以太的运动补偿；但是这会把我们引向与此刻之前相同的见解。这样理解该原理将能说明一切，因为不管可见的运动如何，我们总是可以设想补偿它们的假设运动。但是，如果它能说明一切，这是因为它不能使我们预见一切；它不能使我们在各种可能的假设中做出决断，由于它预先说明了一切。因此，它变得毫无用处。

这样一来，就以太运动必须做出的假定并不十分令人满意。如果电荷加倍，那就可以自然地想象，以太的各种原子的速度也加倍；可是，由于补偿作用，以太的平均速度必然成为四倍。

这就是为什么我长期认为，与牛顿原理针锋相对的理论结果终将在某一天被抛弃，然而最近关于从镭发射出的电子运动的实验似乎更加确认它们。

拉瓦锡原理。我要讨论关于质量守恒的拉瓦锡原理。当然，在没有动摇整个力学的情况下，这个原理也不会被触动。现在，某些人认为，在我们看来它之所以是真实的，仅仅是因为在力学中考虑的只是中等的速度，对于其速度与光速可以比较的运动物体而言，它就不再是真实的了。现在，据说这些速度在目前是可以达到的；阴极射线和镭射线可能是由十分微小的粒子或电子组成，它们无疑以比光速小的速度运动，其速度可能是光速的十分之一或三十分之一。

无论用电场还是用磁场，都能使这些射线偏转，通过比较这些偏转，我们还可以同时量度电子的速度和它们的质量（或者更确切地讲，量度它们的质量与它们的电荷的关系）。可是，当注意到这些速度接近光速时，人们决定必须进行矫正。这些带电的分子若不促动以太，便不能发生位移；要使它们处于运动，必须克服双重的惯性：分子本身的惯性和以太的惯性。因此，人们所量度的总质量或表现质量由两部分构成——分子的真实质量或机械质量与表示以太惯性的电动力学质量。

亚伯拉罕（Abraham）的计算和考夫曼（Kaufmann）的实验接着表明，恰好所谓的机械质量为零，电子的质量，或者至少是负电子的质量全部来自电动力学质量。这迫使我们改变质量的定义；我们不再能够区分机械质量和电动力学质量，因为这时前一个会消失；不存在除电磁惯性以外的质量。不过，在这种情况下，质量不可能再是不变的；它随着速度而增大，它甚至与方向有关，以高速运动的物体，就倾向于使其偏离它的路线的力与倾向于加速它前进或抑制它前进的力而言，并不是反抗相同的惯性。

还有一种对策；物体的终极要素是电子，一些电子带负电，另一些带正电。负电子没有质量，这已被承认；但是，正电子[①]就我们所知的点滴情况而言似乎更大一些。也许正电子除它们的电动力学质量之外还有真实的机械质量。于是，物体的真实质量是它的正电子的机械质量之和，负电子未计算在内；这样定义的质量必定还是不变的。

哎呀！这种对策也无法使我们逃脱困境。请回想一下，我们已谈及相对性原理和为保全它所做的努力。它不仅仅是一个问题在于保全的原理，它是迈克耳孙实验的毋庸置疑的结果。

好了，正如上面看到的，为了解释这些结果，洛伦兹被迫假定，所有的力不管其来源如何，在被匀速平移所激励的媒质中，总是以相同的比率减小；这不是充分的；对于真实力而言，不足以发生这种情况，对于惯性力而言，情况也必然相同；因此，洛伦兹说，**所有粒子的质量在与电子的电磁质量相同的程度上受平移的影响**，这是必不可少的。

这样一来，像电动力学质量一样，机械质量也按照同样的规律变化；因此，它们不可能是恒定的。

难道我需要指出，拉瓦锡原理的倒塌牵连到牛顿原理的倒塌吗？牛顿原理表明，孤立系统的重心在直线上运动；但是，如果不

① 彭加勒在这里所说的“正电子”，实际上是后来发现的原子核，它不是狄拉克(Dirac)在1928年预言、安德森(Anderson)在1932年发现的正电子。——中译者注

再有不变的质量，那就不再有重心，我们甚至不再知道这是什么。这就是为什么我在上面说，关于阴极射线的实验似乎证明洛伦兹对于牛顿原理的怀疑是正当的。

如果这一切结果被确认，由此便会产生全新的力学，这种新力学尤其可以用下述事实来描述它的特征：没有什么速度能够超过光速[①]，就好像任何温度不能低于绝对零度一样。

对于做平移运动而又未觉察出这种平移的观察者来说，不再有任何表观速度能够超过光速；如果我们没有回想这位观察未使用与固定的观察者相同的时钟，而实际上使用的是指示“地方时”的时钟，那么这便会产生矛盾。

于是，我们在这里面临着一个使我自己满意的问题。假如不再有任何质量，那么牛顿定律变成什么呢？质量有两个方面：它同时是惯性系数和作为因子进入牛顿引力中的引力质量。假如惯性系数不是恒定的，那么引力质量能够是不变的吗？这还是个疑问。

迈尔原理。在我们看来，至少能量守恒原理还保留着，它似乎比较牢固。我应当向你回忆它本身是如何受到怀疑的吗？这个事件比前述事件引起了更大的骚动，它被写进所有的学术论文中。从贝克勒耳(Becquerel)最初的工作开始，尤其是当居里夫妇(Curies)发现了镭时，人们看到，放射性物体是永不枯竭的辐射源。它的放射性在数月和数年内似乎毫无变化地持续着。这本身就是对能量守恒原理的严峻考验；这些辐射实际上是能量，这种能量从

① 因为物体使不断增大的惯性对抗倾向于使它们的运动加速的原因；当物体的速度接近光速时，这种惯性会变为无限大。

同样的一点点镭放出，而且源源不断地放出。但是，这些能量太微弱，以至于无法量度；这至少是一种信仰，我们不会过多地忧虑。

当居里想到把镭放入量热器中时，场景为之一变；于是人们看到，持续不断产生的热量是十分显著的。

所提出的说明为数众多；但是，在这样的情况下，我们不能说，说明越多越好。就它们之中没有一个说明优于其他说明而言，我们不能担保在它们之中存在着一种合适的说明。无论如何，从某一时期以来，这些说明中的一个似乎占了上风，我们也许有理由期望，我们掌握着打开秘密的钥匙。

拉姆齐(W. Ramsay)先生极力证明，镭处在转化的过程中，它储藏着大量的能，但并不是取之不尽的。而且，镭的转化所产生的热量比所有已知的变化多 100 万倍；镭在 1250 年内耗尽它自己；这是相当短暂的，你看到，我们至少确信从现在起数百年内可使这一点保持稳定。而在等待的过程中，我们的疑虑依然存在。

第九章　数学物理学的未来

原理和实验。在如此之多的废墟中间，还有什么东西屹立长存呢？最小作用原理迄今未经触动，拉摩（Larmor）似乎相信，它会比其他原理长久幸存；事实上，它是更加模糊、更为普遍。

面临原理的这种普遍崩溃，数学物理学将采取什么态度呢？首先，在过度兴奋之前，最好先问问，那一切是否是真的。所有这些毁损原理的现象只有在无限小的事物中才遇到；要看见布朗运动，就需要显微镜；电子是很轻的；镭也十分稀少，人们从未一次得到过多于几毫克的镭。于是，人们也许会问，除了所看到的无限小的事物以外，是否还存在着与之相均衡的其他未看到的无限小的事物呢？

这样就存在着一个预审案件问题，似乎只有实验才能够解决它。因此，我们只好把麻烦事交给实验家，在等待他们最终裁决这一争端时，不必预先使我们自己陷入这些令人不安的问题之中，而要继续平静地做工作，就像这些原理仍然是无可争议的那样。当然，在没有离开这些原理可以十分保险地应用的领域，我们还有许多事情要做；在这个疑虑重重的时期，我们可以充分地发挥我们的能动性。

解析家的作用。至于这些疑虑，我们难道真的无论怎样做也无法使科学摆脱它们吗？事实上必须指出，不仅实验物理学能够使它们产生；数学物理学也为此做出了充分的贡献。正是实验家发现镭放出能量，但却是理论家明确提出光越过运动媒质传播所产生的一切困难；倘若没有理论家，我们也许还不会意识到这些困难。好了，如果说理论家竭尽全力使我们陷入这一困境，那么他们帮助我们摆脱困境也是合乎情理的。

他们必须对所有这些新观点进行批判性的审查，我刚才在你面前概述了这些新观点，要抛弃那些原理，只有在做出保全它们的忠诚努力之后。在这个方向上他们能够做些什么呢？这就是我想力图说明的问题。

要得到比较满意的动体电动力学理论，问题首先在于殚精竭虑。正如我在上面已经充分表明的，在那里尤其存在着重重困难。堆积假设是无用的，我们不能立即满足所有的原理；迄今，人们只有在牺牲其他原理的前提下才能成功地保护一些原则；但是，得到较好结果的全部希望还没有失去。于是，让我们采纳洛伦兹理论，在各种意义上思索它，一点一滴地修正它，也许一切将会安排就绪。

例如，不假定动体在运动方向经受收缩，不假定无论这些物体的本性和它们另外所受的力如何这种收缩都是相同的，我们不能做出更简单和更自然的假设吗？例如，我们可以设想，当以太相对于弥漫在它之中的物质媒质运动时，以太应当被修正，而当以太这样被修正时，它不再以同一速度在各个方向传递扰动。以太能够比较迅速地传递在平行于媒质运动方向所传播的扰动，而不管它与媒质运动的方向相同还是相反，而在垂直于媒质的运动方向，它却不会迅速地传递所传播的扰动。波面不可能再是球面，而是椭球面，我们能够省却所有物体的异常收缩。

我只是作为例子引用这一点的，因为必须尝试的修正显然易受无数变化的影响。

光行差和天文学。天文学也有可能在某一天向我们提供这方面的材料；主要是她，提出了使我们认识光行差现象的问题。如果我们粗制滥造光行差理论，我们便得出十分稀奇古怪的结果。由于地球运动，恒星的表观位置不同于它们的实际位置，由于地球运动是可变的，这些表观位置也变化。我们无法确定真实位置，但是我们能够观察表观位置的变化。因此，光行差的观察向我们指出的不是地球的运动，而是这种运动的变化；它们因而不能给我们提供关于地球绝对运动的信息。

这至少在一级近似上为真，但是倘若我们能够鉴别数千分之一秒，情况就不再相同了。这时，可以看到，摆动的幅度不仅取决于运动的变化，即由于我们的行星沿它的椭圆轨道运动而引起的众所周知的变化，而且取决于这种运动的平均值，以致对于所有的恒星而言，光行差常数不会完全相同，这个差异能告诉我们地球在空间的绝对运动。

于是，在另一种形式下，这也许是相对性原理的崩溃。的确，我们远非能鉴别千分之一秒，但是有些人毕竟说，地球的总绝对速度也许比它相对于太阳的相对速度大得多。例如，假如它是每秒300公里而不是每秒30公里，那么这足以使该现象成为可观察的。

我相信，这样进行推论，人们承认的是过于简单的光行差理论。我已经告诉过你，迈克耳孙向我们指出，要证明绝对运动，物理程序是无能为力的；我被劝服，不管有多大的精确性，同样的结论对于天文学程序也是正确的。

无论如何，天文学在这方面将向我们提供的材料会在某一天对物理学家来说十分珍贵。同时，我认为，理论家只要想起迈克耳孙实验，他们就可以预期否定的结果，在建构能够预先说明这个现象的光行差理论中，他们将会完成有益的工作。

电子和光谱。这种电子动力学能够从许多方面探究，但是在导向那里的道路中，有一条道路在某种程度上被忽视，然而这条道路有指望使我们得到最令人惊异的结果。正是电子的运动产生发射光谱线；这已被塞曼(Zeeman)效应证明；在白炽物体中，振动之物对磁铁敏感，因此而带电。这虽然是十分重要的基本之点，但是没有一个人再前进一步。光谱线为什么按照整齐的规律分布呢？实验家研究了这些规律的最小细节；它们是十分精确的和比较简单的。这些分布的最初研究使人们回想起在声学中所遇到的谐音；不过差别还是很大的。不仅振动数不是一个数的累次倍数，而且我们甚至找不到任何与那些超越方程的根类似的东西，而我们被如此之多的数学物理学问题引向超越方程：任何形状的弹性体的振动问题，任何形状的发生器中的赫兹振荡问题，关于固体冷却的傅里叶问题。

这些规律比较简单，但是它们具有完全不同的性质，现仅举这些差别之一，对于高阶谐音而言，振动数倾向于有限的界限，而不是无限地增加。

这还未被阐明，我相信我们在这里有自然界最重要的秘密之一。日本物理学家长冈(Nagaoka)先生最近提出了说明；在他看来，原子是由大量很小的负电子形成的环围绕着大正电子构成的。具有环的土星就是这样的。这是很有趣的尝试，但是还不完全令人满意；这一尝试应该加以修补。可以说，我们将洞察到物质内部最深处。从我们今天所占有的特定观点来看，当我们认识到，白炽物体的振动为什么与普通的弹性振动如此不同，电子的行为为什么不像我们熟悉的物质的行为时，我们将会更充分地理解电子的动力学，也许我们将会更容易使它与那些原理相一致。

先于实验的约定。现在，假定所有这些努力均以失败而告终，而我毕竟不相信它们总是失败，那么我必须做些什么呢？有必要试图用我们法国人所谓的助一臂之力来修补这些破碎的原理吗？这显然总是可能的，我一点也没有收回我上面已经说过的东西。

如果你想寻衅与我争吵的话，你必定会说，难道你过去没有写过，原理虽然来自实验，现在实验却攻不破它们，因为它们变成了约定吗？而现在你却径直告诉我们，最近的实验成果使这些原理处于危险之中。

好了，以前我是正确的，今天我也没错误。以前我是正确的，现在正在发生的东西是它的新证据。例如居里关于镭的量热实验。有可能使它与能量守恒原理一致吗？这已被用许多方法尝试。但是在它们之中，有一种方法我希望你注意一下；这不是今天倾向于占优势的说明，而是所提出的说明的一种。有人猜想，镭只不过是媒介物而已，它仅仅储藏着本性未知的辐射，这种辐射通过空间在每一个方向上迅速传播，能越过除镭以外的所有物体，而且不因越过物体而变化，不施加任何作用于物体。镭只是从辐射中获取它们的一点能量，然后以各种形式把能量给我们散发出来。

何等有利的解释！多么方便啊！首先，它是无法证实的，从而是驳不倒的。其次，它将再次用来阐释对于迈尔原理的任何贬损；它不仅预先回答了居里的异议，而且预先回答了将来的实验家能够积累的所有非难。这种新的、未知的能量可以为一切服务。

这恰恰是我说过的东西，此外，有情况向我们表明，我们的原理并没有被实验攻破。

但是，由于这种打击，我们得到了什么呢？该原理未经触动，可是从此以后它有什么用处呢？它能使我们预见，在某种情况下我们可以指望这样的总能量；它限制我们；可是现在，新能量的这种无限期的供应让我们支配，我们不再受任何东西的限制；正如我在《科学与假设》中所写的，如果原理不再多产，实验即便不与它矛盾，仍将直接宣告它不适用。

未来的数学物理学。因此，这也许不是不得不去做的事情；有必要重新建设。如果我们迫于这种必要性，那么我们会再次安慰自己。不必由此得出结论说，科学只能够编织珀涅罗珀之网[①]，它只能以短命的建构出现，这种建构不久便不得不用它自己的双手从顶到底去拆毁。

正如我说过的，我们已经度过了一次同样的危机。我已向你

① a Penelope's Web. 在希腊神话中，珀涅罗珀是奥德修斯(Odysseus)忠贞的妻子。奥德修斯外出 20 年未归，珀涅罗珀相信他一定会回来。在此期间，为了谢绝求婚者，她推辞说要给奥德修斯的父亲织寿衣(珀涅罗珀之网)，待织成之后，才能做出改嫁的决定。为了拖延时间，她白天忙着织网，晚上又把白天织好的网拆掉。——中译者注

指出，在第二种数学物理学，即原理物理学中，我们发现第一种即有心力物理学的踪迹；如果我们一定要了解第三种的话，那将正好是同样的情形。这正像蜕皮的动物一样，撑破它的过于狭小的甲壳，换上新的甲壳；在新表皮之下，人们将能辨认出有机体存留下来的本质特性。

我们无法预见，我们正准备在什么道路上扩展；也许气体分子运动论正要经历发展，而且正要作为其他理论的范例。于是，在我们初看起来好像是简单的事实据此只不过是数量极大的基于事实的结果，这仅仅是偶然性规律为共同的目的而做出的配合。物理学定律从而会采取全新的样式；它不再只是微分方程，它具有统计规律的特点。

也许我们将要构造一种全新的力学，我们只不过是成功地瞥见到它，在这种力学中，惯性随速度而增加，光速会变为不可逾越的极限。通常的比较简单的力学依然会是一级近似，因为它对不太大的速度还是正确的，以至于在新动力学中还可以找到旧动力学。我们不必后悔相信了那些原理，由于太大的速度对于旧公式而言总还只是例外而已，在实践中最可靠的办法还是像我们继续相信它们那样去行动。它们是非常有用的，有必要为它们保留一席之地。倘若决定完全排除它们，就会剥夺人们宝贵的武器。我匆忙得出结论说，我们还未达到那种地步，直到目前为止，没有什么东西证明，那些原理不会摆脱冲突并取得胜利且保持完整。①

① 关于数学物理学的这些见解是从我的圣路易斯讲演中借录的。

第 三 编

科学的客观价值

第十章　科学是人为的吗？

1. 勒卢阿先生的哲学

怀疑论者的存在有许多理由吗？我们应当把这种怀疑论推向极端或中途而止吗？走极端是最诱人、最容易的解决办法，这与对搭救失事船只上的任何东西丧失信心的许多人而采取的解决办法一模一样。

在受这种倾向激励的诸多著作中，把勒卢阿(Le Roy)的著作归入第一流是恰当的。这位思想家不仅是哲学家和享有盛誉的作家，而且也具有精密科学和物理科学的深邃知识，甚至在数学发明方面也显示出罕见的才能。勒卢阿的学说引起了众多的议论，现在让我们用几句话概述一下他的学说。

科学仅仅是由约定组成的，科学表面上的确定性只是归因于这种情况；科学事实和科学定律都是科学家人为的产物，后者更有理由如此；因此，科学不能教导我们以任何真理，它只能作为行动规则为我们所用。

在这里，我们辨认出以唯名论的名称为人所知的哲学理论；在这一理论中并非一切都是虚假的；必须把它的合理领域留给它，但是不应该容许越出这个领域。

这并非一切；勒卢阿先生的学说不仅是唯名论的；此外，它还有无疑属于本格森（Bergson）先生的另一特征，它是反理智主义的。根据勒卢阿先生的学说，理智使它的所有接触发生畸变，这对于它的必要的“交谈”工具而言则更为正确。实在只存在于我们短暂而变动的印象中，当我们与这种实在接触时，它便会荡然无存。

勒卢阿先生还不是一位怀疑论者；如果他把理智看做是完全无能为力的，那只不过是把更大的地盘给予其他认识源泉，例如给予感情、情绪、本能或信仰。

不管我多么大为敬重勒卢阿先生的才干，不管这种论点多么别出心裁，我还是不能全盘接受它。当然，我与勒卢阿先生在许多观点上一致，他甚至引用我的著作中的诸多段落以支持他的观点，对此我绝无意加以反对。我想我本人只限于说明一下，我为什么不能在各个方面与他并肩而趋。

勒卢阿先生常常抱怨别人指责他为怀疑论。但是他不得不如此，尽管这种责难也许是不公正的。难道不存在反对他的表面现象吗？勒卢阿先生在学说上是一个唯名论者，而在情感上却是一个实在论者，只是由于信仰的绝望作用，他似乎想摆脱绝对的唯名论。

排斥分析和“言说”的反理智主义哲学正是以此宣布其自身亦是不可传达的；它本质上是一种内在论哲学，或者至少说来，只有它的否定结论可以传达；对于外部观察者来说，它采取怀疑论的形态，这又何足为怪呢？

这种哲学的弱点就在于此；如果它力求保持自信，那么它的力量就要消耗在否定和激情的呐喊中。每一个作者都可以重复这种否定和呐喊，可以改变它的形式，但却不附加任何东西。

可是,保持缄默岂不是更合乎逻辑吗?请留意,你已经写出了长篇文章;为此,必须使用词汇。由此看来,与毫无哲学头脑而单纯活着的动物相比,你不是更加"东拉西扯",最终离生活和真理更为遥远吗?这种动物岂不是会成为真正的哲学家吗?

无论如何,因为没有一个画家画出与真人完全一样的肖像,我们难道能得出结论,说最好的画像不必去画吗?当动物学家解剖动物时,他的确"改变了它"。是的,在解剖它时,他宣布他自己从未完全了解它;但是,若不解剖它,他将会宣布,他对动物毫无所知,其结果连它的什么也没有看到。

确实,人类具有理智之外的其他力量;从来也没有一个人足以否定这一点。第一批来者使这些盲目的力量起作用,或者让它们起作用;哲学家必须**谈论**它们;为了谈论它们,他必须了解他能够了解的关于它们的仅有的一点东西,因此他应当**观看**它们行动。情况怎么样呢?如果不用他的理智,那么用什么眼睛呢?感情、本能可以指导理智,但却不能使理智变得无用;感情、本能可以指挥眼之所向,但却不能代替眼睛。可以假定,感情是工人,而理智仅仅是工具而已。可是,理智即使对于盲目力量的行为来说不是不可或缺的,但至少对于哲学思维来说,难道不是必不可少的工具吗?因此,哲学家实际上不可能是反理智主义的。也许我们将宣称行动是至高无上的,但是如此得出结论的,却总是我们的理智;理智在容许行动优先时,它将这样保持其思想的芦苇①的优势。

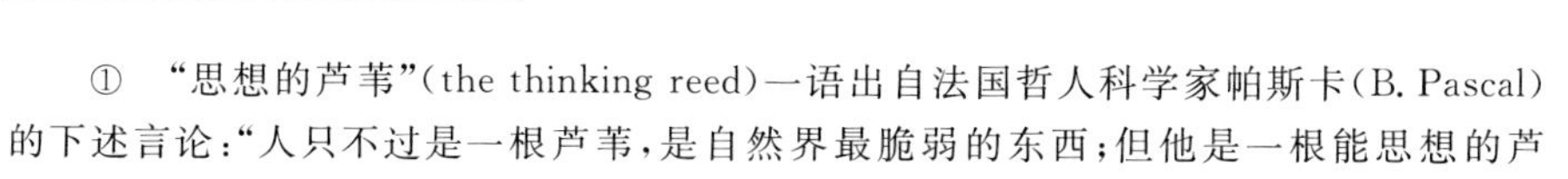

① "思想的芦苇"(the thinking reed)一语出自法国哲人科学家帕斯卡(B. Pascal)的下述言论:"人只不过是一根芦苇,是自然界最脆弱的东西;但他是一根能思想的芦苇。"——中译者注

这也是一种并未受到轻视的最高权力。

请原谅这些简短的反应，也请原谅反应的简洁，但是它们几乎没有掠过问题。理智主义的作用不是我希望研讨的课题：我希望谈谈科学，对科学没有什么可怀疑的；根据定义，也可以这样说，科学将是理智主义的或者将根本不是理智主义的。明确地讲，问题在于科学是否将存在。

2. 科学，行动规则

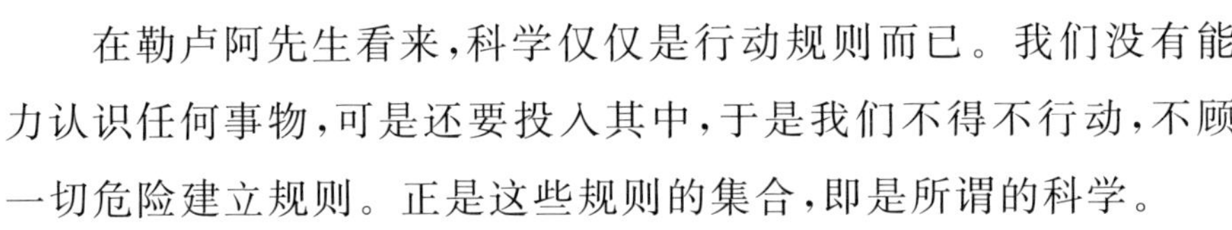

在勒卢阿先生看来，科学仅仅是行动规则而已。我们没有能力认识任何事物，可是还要投入其中，于是我们不得不行动，不顾一切危险建立规则。正是这些规则的集合，即是所谓的科学。

这样，人们渴望娱乐，便制定了游戏规则，例如像博弈之类的规则，这些规则比科学本身更为严格，它们能够以普遍同意为其存在的证据。同样，当我们无法做出选择，而又不得不做出选择时，我们就掷硬币，由其正反决输赢。

与科学一样，博弈规则确实是一种行动规则，但是任何人真想做一下比较，难道看不到它们的差别吗？游戏规则是一种任意的约定，即使采取相反的约定，亦无妨碍。与此不同，科学却是一种富有成效的行动规则，需要附带说明的是，至少就一般情况而言，如果反其道而行之，就不会成功。

如果我说，欲制取氢，使酸作用于锌，那么我就详细阐明了一个成功的规则；假若我说，使蒸馏水作用于金；这也是一个规则，只是它不会成功。因此，如果科学的“处方”作为行动规则具有价值，那是因为我们知道,它们会取得成功,至少就一般情况而言是这样。可是,要认识这一点就是要认识某些事物,那么,为什么要告诉我们,说我们不能认识任何事物呢?

科学能够预见,并且正因为它能够预见,所以它才是有用的,才能作为行动规则使用。我了解得很清楚,科学预见常常与事件相矛盾;这表明,科学是不完善的,如果我附带说,科学始终是这样,我至少确信,这是一个永远也不会被驳倒的预言。科学家所犯的错误总是比随便做预言的预言家为少。此外,科学进步虽然缓慢,但却是持续不断的,以致科学家尽管越来越大胆地预言,但所犯错误反而愈来愈少。这虽则微不足道,但却也足够了。

我清楚地知道,勒卢阿先生在一些地方曾经说过,科学比人们设想的那样更为经常地犯错误,彗星有时蒙骗了天文学家,科学家显然也是人,他们不愿意谈他们的失败,如果他们谈及失败,他们将会算出,其挫折多于胜利。

勒卢阿先生当时显然弄巧成拙。如果科学没有取得成功,它不能作为行动规则服务,那么它从何处获得它的价值呢?因为科学是“充满活力的”,即就是说,因为我们热爱它和相信它吗?炼金术士具有制造黄金的处方,他们喜欢并信仰这些处方,而我们的处方是好处方,因为它们取得了成功,尽管我们的信仰不怎么强烈。

无法逃脱这种进退维谷的处境;或者科学不能使我们预见,而且作为一种行动规则毫无价值;或者科学能使我们以某种不完善的形式预见,而且作为一种认识手段并非毫无价值。

人们甚至不应该说行动是科学的目标;我们也许从未对天狼星施加任何影响,我们难道能够以此为借口而责难对于天狼星的研究吗？相反地，依我之见，认识才是目的，而行动则是手段。我自己庆幸工业的发展，不只是因为工业为科学的倡导者提供了有力的证据，尤其是因为工业给予科学家以自信心，工业向科学家开拓了广阔的经验领域，使他在那里对抗过分庞大以致难以削弱的自然力。没有这种稳定因素，谁知道科学家被一些故弄玄虚的新奇事物的幻影所诱惑，是否会离开坚实的基础呢，还是相信他们只是做了一场梦，是否会陷入绝望呢？

3. 未加工的事实与科学事实

在勒卢阿先生的论文中，最荒谬的就是主张**科学家创造了事实**；而且这又是该论文的主要论点，是最吸引人讨论的论点之一。

他也许会说（我完全相信，这是一个让步），科学家并没有创造未加工的事实，但他们至少创造了科学事实。

未加工的事实和科学事实之间的这种区别，据我看来，似乎并非自然而然是不合理的。但是我首先要抱怨，其界限既不能严格地，也不能精确地划出；然后我还要抱怨，作者似乎假定，未加工的事实不是科学事实，而是科学的外围。

最后，我不能承认下述观念：科学家无节制地创造科学事实，由于正是未加工的事实把它强加于他。

勒卢阿先生所举的例子使我极为惊讶。第一个例子取自原子概念。原子竟被选来作为事实的例子！我公开声明，这种选择使我十分困窘，对此我宁可一言不发。我显然误解了作者的思想，我不能够富有成效地讨论它。

选作例子的第二个案例是日食,在这里未加工的现象是光亮和阴影的变动,可是天文学家若不引入两个外来的要素,即时钟和牛顿定律,就不能介入其中。

最后,勒卢阿先生引用了地球的自转;倘若说这不是事实,他必会答复说:地球自转对于坚信它的伽利略(Galieo),就像对于否认它的宗教裁判所的审判官一样,都是一个事实。问题依然是,在与刚才所讲的相同的意义上,这不是一个事实;若给它们同样的名称,则必然使作者本人陷入混乱之中。

于是,这里有四个层次:

1)乡下佬说,天变暗了。

2)天文学家说,日食发生在九时。

3)天文学家又说,日食发生在根据牛顿定律制定的表格所推算的时间。

4)伽利略最后说,日食是地球绕太阳旋转的结果。

可是,未加工的事实与科学事实之间的界限在哪里呢?若读勒卢阿先生的论文,人们会相信,这个界限在第一阶段和第二阶段之间,但是谁看不到,从第二阶段到第三阶段存在着较大的间隔,第三阶段和第四阶段的间隔更大。

容许我引用两个例子,也许将对我们有点启发。

我借助于可动的反射镜观察电流计的偏转,反射镜把明亮的影像或光点投射到刻度尺上。未加工的事实是:我看到光点移到刻度尺上,而科学事实则是:电流通过回路。

再举一个例子:当我做一个实验时,我想使结果受到某些矫正,因为我知道,我必定造成了误差。这些误差分为两类,一些是偶然误差，我将通过取平均值来矫正它们；另一些是系统误差，我只有详尽地研究它们产生的原因才能加以矫正。此时，最初得到的事实是未加工的事实，而科学事实则是在完成矫正后的最终结果。

思考一下这后一个例子，导致我们把第二阶段再加以细分，并用 2a）和 2b）来代替 2）：

2）我说：日食发生在九时；

2a）当我的钟表指向九时，日食发生了；

2b）我的钟表慢十分钟，日食发生在九时十分。

这还不是全部：第一阶段也应当细分，而且这两个细分的阶段之间并非最小的间隔；一个目睹日食的人感觉到昏暗的印象，这种印象又促使他做出天空变暗了的断言，必须把印象和断言区别开来。在某种意义上，只有第一个事实才是真正的未加工的事实，而第二个事实已经是一种科学事实。

现在我们的等级已有六个阶段，尽管没有理由止于这个数目，但是我们将在这里停下来。

开始引起我注意的正是这一点，在六个阶段中的第一阶段，事实还是完全未加工的，也可以说是单独的，它与所有其他可能的事实完全不同。从第二阶段起，情况已经不再相同了。事实的表述总是要与无数的其他事实相配合。只要语言介入其中，我就能按我的要求，仅用有限数目的词汇表达我的印象所包含的无限数目的细微差别。当我说，天变暗了，这便很好地表达了我目前感觉到的日食的印象；甚至在昏暗方面，也能想象许多细微的差别，而不是实际显示出来的细微差别，即使出现了稍为不同的细微差别，我还可以用下述说法表述这**一另外的**事实：天变暗了。

其次应该注意，即使在第二阶段，一个事实的表述只能为**真或假**。这并非对任何命题都是如此；如果这个命题是一种约定的表述，那么在该词的本来意义上，便不能说这一表述为**真**，这是由于它不能离开我为真，它之所以为真，只是因为我希望它为真。

例如，当我说长度的单位是米时，这是我颁布的一条法令，它并不是要弄清哪一个东西把它自己强加于我。我想起，我在其他地方已经表明，例如它与欧几里得公设问题是同样的问题。

当别人问我：天正在变暗吗？我总是知道，我应当回答是或者否。虽然无限可能的事实都可以容许同一表述：天变暗，但是我将总是知道，在回答的表述中，实际显现出来的事实是否归入这一陈述。事实按范畴分类，如果有人问我，我查明的事实是否属于这样一个范畴，那么我将会毫不犹豫地予以回答。

毋庸置疑，这种分类是充分任意的，以便给人们的自由或随想留下较大的余地。一言以蔽之，这种分类是一种约定。**这种约定被给出时**，假使有人问我：这一个事实为真吗？我始终将知道回答什么，我的答复将由我的感觉的证据给予我。

因此，在日食时，若要问道：天正在变暗吗？所有世人都将回答是。无疑，称明为暗、称暗为明语言的人将会回答否。可是，这又有什么意义呢？

同样，在数学中，**当我拟定了作为约定的定义和公设以后**，一个定理就只能为真或者为假。但是，要回答问题：这个定理为真吗？我将要求助的不再是感官证据，而是推理。

事实的陈述总是可证实的，为了证实，我们要么求助于我们感官的证据，要么求助于这种证据的记忆。这恰恰是概括一个事实特点的东西。假若你向我提出问题：这样一个事实为真吗？我将以反问你而开始：是否有必要精确地陈述约定；换句话说，我要反问你：你讲什么语言；一旦确定了这一点，我将询问我的感官，以便回答是或否。但是，当你对我说：我给你说英语或法语，此时做出回答的将是我的感官，而不是你。

当我们通过接着的阶段时，果真有某些变化吗？当我观察电流计时，正如我刚才说过的，如果我问一个无知的旁观者：电流正在通过吗？他注视着导线，极力看有什么东西流动；但是，我如果向理解我语言的助手提出同一问题，他将会了解，我的意思是：光点移动吗？于是他便注视刻度尺。

那么，未加工的事实的陈述和科学事实的陈述之间有什么差别呢？其差别正像同一个未加工的事实用法语陈述和用德语陈述二者之间的差别一样。科学的陈述首先不过是把未加工的陈述翻译成一种与通用的德语或法语有区别的语言，因为它是供极少数人使用的。

我们还是不要走得太快了。为了测量电流，我可以使用各种型号的电流计或电力计。而且，当我说在这个回路中流动着若干安培的电流时，这便意味着：如果我把这样一个电流计接入这个回路，我将看到光点移到刻度 a；但是，这同样意味着：如果我把这样一个电力计接入这个回路，我将看到光点移到刻度 b。这还意味着许多其他事情，因为电流本身不仅能用力学效应来显示，而且也能用化学、热学、光学等效应来显示。

因此，在这里同一个陈述可以适应于数目极多的完全不同的事实。为什么呢？正因为我假定一个规律，根据这一规律，无论何时这样一个力学效应发生的话，这样一个化学效应也将发生。以前的大量实验从未表明这一规律失败过，从而我认识到，我能够用同样的陈述表示总是恒定相关的两个事实。

当有人问我：电流正在流动吗？我能够理解，这意味着：这样一个力学效应将发生吗？但是我也明白，这也意味着：这样一个化学效应将发生吗？然后我将证实，是存在力学效应，还是存在化学效应；这将是无关紧要的，因为在两种情况下，答案必定是相同的。

该规律是否在某一天会被发现为假？是否能够觉察到，力学效应和化学效应二者的一致不是永恒的？到那一天，将必然要改变科学语言，以便使它从严重的模棱两可中摆脱出来。

此后怎么样呢？可以设想用来表达日常生活的普通语言能使它免除模棱两可吗？

我们由此能得出日常生活的事实是语法家的产品的结论吗？

你若问我：电流存在吗？我将试验力学效应是否存在，我查明后回答道：是的，电流存在。你立刻就明白，这意味着力学效应存在着，而且我没有审查过的化学效应也同样存在。现在，假定一种不可能有的事情，让我们设想，我们确信为真的规律不是真的，化学效应并不存在。在这一假设之下，将存在两种不同的事实，一种是直接观察到的事实，其为真，另一种是推论出的事实，其为假。可以严格地讲，我们创造了第二种事实。这样一来，那种误差是人在创造科学事实中个人观察误差的联合的构成成分。

但是，如果我们能够说，所述的事实为假，这岂不正是因为它不是我们心智的自由和任意的创造、隐蔽的约定，而在约定的情况下，它既不为真亦不为假。实际上，它是可证实的；虽然我没有做证实，但是我能做到这一点。如果我回答错了，那是因为我愿意迅速回答，我没有来得及询问自然界，只有自然界才知道这个秘密。

实验之后，当我矫正偶然误差和系统误差，使科学事实显示出来时，情况是相同的；科学事实无非是把未加工的事实翻译成另一种语言。当我说，现在是这样一个时刻，这是下述说法的简化：在我的钟表所指示时刻与某星球越过子午线所标志的时刻之间存在着这样一个关系。这种语言约定一经正式通过，当有人问我：现在是这样一个时刻吗？这时回答是或否，将不会取决于我。

让我们讨论第三阶段：日食发生在由牛顿定律推算出的表格所示的时间。这还是语言的一种约定，对于了解天体力学的人或仅仅持有天文学家计算出的表格的人来说，这是十分清楚的。若有人问我：日食发生在所预言的时刻吗？我翻开航海天文历，看到日食发生在九时的预告，便明白问题意味着：日食发生在九时吗？在这里，我还是没有改变我的结论。**科学事实只不过是翻译成方便语言的未加工的事实而已**。

确实，在最后阶段，事情发生了变化。地球自转吗？这是一个可证实的事实吗？伽利略和宗教裁判所的最高审判官为了解决争端，他们能够诉诸他们的感官证据吗？与此相反，他们在表观上是一致的，不论他们积累什么经验，他们依然只是在表观上一致，而在诠释方面从来也没有一致过。正是由于这个缘故，他们被迫求助于如此非科学的辩论程序。

这就是为什么我认为，他们对于**事实**的意见不同：对于他们辩论的地球自转的题目，以及对于我们迄今进行评论的未加工的事实与科学事实，我们没有权利赋予同一名称。

由以上所述可知，研究未加工的事实是否是科学的外围似乎是多余的，因为既没有无科学事实的科学，也没有无未加工事实的科学事实，由于科学事实只不过是未加工事实的翻译而已。

于是，人们有权利说科学家创造了科学事实吗？首先，科学家并没有**凭空**创造科学事实，他用未加工的事实制作科学事实。因而，科学家不能自由而**随意地**制作科学事实。工人不管如何有本领，他的自由度总是受到他所加工的原材料性质的限制。

归根到底，当你说科学事实的这种自由创造，当你把手持钟表积极参与日食现象研究的天文学家作为例子时，你究竟意味着什么呢？你意味着日食发生在九时吗？可是，如果天文学家希望日食在十时发生，事情难道只取决于他，他只需将他的钟表拨快一小时吗？

然而，天文学家若闹此恶作剧，他显然犯下了含糊其辞的罪过。当他告诉我：日食发生在九时，我理解九时就是由钟表的粗糙指示推断出的时刻，而且钟表的摆通常进行了一系列矫正。如果他仅仅给我粗糙的指示，或者如果他做出了与习惯规则相反的矫正，那么他就在没有预先告知我的情况下改变了一致同意的语言。反之，如果他预先留心告知我，我便没有什么可抱怨的，但是此时总是用另一种语言表达相同的事实。

总而言之，**科学家就事实而创造的一切不过是他用以阐述这一事实的语言**。如果他预言事实，那么他将使用这种语言，对于所有讲该语言和理解该语言的人来说，他的预言便摆脱了模棱两可。而且，这种预言一旦作出，它便明显地不依赖于科学家，不管是否付诸实现它。

勒卢阿先生的论文还留下什么东西吗？还有这样一个问题：科学家积极参与选择有观察价值的事实。一个孤立的事实独自并没有什么重要性；如果人们有理由认为，它有助于预言其他事实；或者更好些，如果在做出预言时，它的证实是一个规律的确认，那么它就变得使人感兴趣了。谁将选择符合这些条件且值得享有科学城邦的特权的事实呢？这就是科学家的自由活动。

这还不是一切。我说过，科学事实就是把未加工的事实翻译成某种语言；我还想加一句，每一个科学事实都是由许多未加工的事实形成的。这已由上述各例充分证明。比如，就日食的时刻而言，我的钟表在日食的瞬间指示的是 α 时刻；在某星最后通过子午线的瞬间，我的钟表指示的是 β 时刻，我们把它作为赤经的来源；在同一颗星通过前述位置的时刻，我的钟表指示的是 γ 时刻。现在有三种不同的事实（还应当注意，它们中的每一个本身都是两个同时发生的未加工的事实引起的；但是让我们忽略这一点）。取而代之的是，我说：日食发生在 $24(\alpha-\beta)/(\beta-\gamma)$ 时刻，从而三个事实组合成一个单纯的科学事实。我可以断言，我对三个读数，α，β，γ 在我的钟表上指出三个不同的时刻缺乏兴趣，唯一有趣的事情是三者的组合 $(\alpha-\beta)/(\beta-\gamma)$。在这个结论中，能发现我的心智的自由活动。

但是，我的精力已经耗尽到如此程度；我不能使这个组合 $(\alpha-\beta)/(\beta-\gamma)$ 具有这样一个值而不具有另外的值，由于我既不能影响 α 的值，也不能影响 β 或 γ 的值，它们强使我把它们作为未加工的事实。

总而言之,事实就是事实,**如果它们以符合一种预言而出现,这并非是我们自由活动的结果**。在未加工的事实和科学事实之间不存在精确的界限;人们只能说,事实的这样一种表述比另外的表述**更为粗糙**,或者相反地,**更为科学**而已。

4. "唯名论"和"普适不变量"

如果我们从事实过渡到定律,那么很清楚,科学家自由活动的成分将变得更大。但是,勒卢阿先生没有使这种成分变得太大吗?这就是我们正要考察的问题。

我首先回想起他所举的例子。当我说:磷在44℃熔化,我认为我阐述了一个定律;实际上,这恰恰是磷的定义;假使有人发现了一种物质,该物质具有磷的所有其他性质,但却不在44℃熔化,那么我将给它另外一个名称,这就是一切,而该定律依然为真。

当这样我说:自由下落的重物在空间所通过的距离与时间的平方成正比,我只是给出了自由落体的定义。无论何时条件不能付诸实现,我将说,落体不是自由的,而该定律永远也不会错。很清楚,如果把定律降低为那样的东西,那么它们就不能用以预言;而且它们会毫无用处,既不能作为认识的手段,也不能作为行动的准则。

当我说:磷在44℃熔化,我的意思是:具有这样一种性质(即磷的所有性质,熔点除外)的所有物质都在44℃熔化。如此理解,我的命题的确是一个定律,而且这个定律对我可能是有用的,因为我如果遇到了具有这些性质的物质,我便能做出预言,它将在

44℃熔化。

毫无疑问，定律可以被发现为假。到那时我们将在化学论文中读道："有两种物质，化学家长期在磷的名称之下把二者混淆起来；这两种物质只在熔点方面不同。"化学家得到两种物质的分离态显然不是头一回了，他们起初不能区分它们；例如，钕和镨长期混同在狄狄米乌姆(didymium)的名称之下。

我不认为，化学家很担心，类似于磷的不幸将永远发生。假使料想不可能的事发生了，两种物质大概也不会全然具有**同一**密度，**同一**比热等等，以致在仔细地确定了例如密度之后，人们还能够预见熔点。

而且，这是不重要的。需要足够注意的是，只要存在着定律，不管这个定律是真还是假，都不会划归为同义反复。

如果我们不知道，在地球上一种物质不在44℃熔化，可是却具有磷的其他一切性质，那么我们便不能知道在其他行星上，是否存在该物质，话可以这样说吗？毫无疑问，可以坚持这种说法，而且它暗示着，所述的定律可以作为居住在地球上的我们的行动规则，但是从认识的观点看来，它还不具有普遍的价值，它的重要性只能归因于把我们安置在这个星球上的机会。这是可能的，可是如果情况如此，定律就会毫无价值，这并非因为它划归为约定，而是因为它为假。

同样的结论对于落体也是正确的。如果我不知道，在这样一个事件中，落体在别处将是**概然**自由的或**近似**自由的，那么给予依照伽利略定律发生的落体以自由下落的名称，对我来说并没有什么用处。于是，上述定律是这样一个定律，它可以为真或为假，但是却不能划归为约定。

假定天文学家发现了不严格服从牛顿定律的星体。他们将在两种看法之间作出抉择;他们可以说,引力并不十分严格地随距离平方的反比变化,或者他们也可以说,引力并不是作用在该星体上的唯一的力,此外还有不同种类的力。

在第二种情况下,牛顿定律将被看做是引力的定义。这是唯名论者的看法。在两种看法之间的选择是自由的,而且选择要出于方便的考虑,不过这些考虑常常是如此之强烈,以致实际上几乎没有多少这种自由度。

我们能够把(1)星体服从牛顿定律这个命题分解为两个另外的命题:(2)引力服从牛顿定律;(3)引力是作用于星体的唯一的力。在这种情况下,命题(2)肯定是一个定义,它超越了实验检验;但是它却建立在能够进行这种检验的命题(3)上。这确实是必要的,由于合命题(1)能预言可证实的未加工的事实。

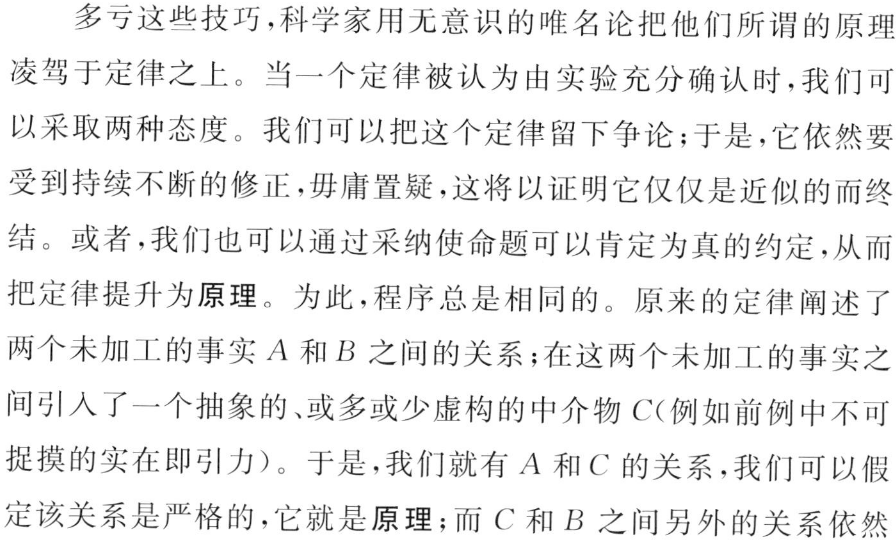

多亏这些技巧,科学家用无意识的唯名论把他们所谓的原理凌驾于定律之上。当一个定律被认为由实验充分确认时,我们可以采取两种态度。我们可以把这个定律留下争论;于是,它依然要受到持续不断的修正,毋庸置疑,这将以证明它仅仅是近似的而终结。或者,我们也可以通过采纳使命题可以肯定为真的约定,从而把定律提升为**原理**。为此,程序总是相同的。原来的定律阐述了两个未加工的事实 A 和 B 之间的关系;在这两个未加工的事实之间引入了一个抽象的、或多或少虚构的中介物 C(例如前例中不可捉摸的实在即引力)。于是,我们就有 A 和 C 的关系,我们可以假定该关系是严格的,它就是**原理**;而 C 和 B 之间另外的关系依然是需要受到修正的**定律**。

可以这样说，由此结晶而成的原理不再受到实验的检验。它既不为真也不为假，它是方便的。

在前面，用那种方法常常得到巨大的利益，可是十分清楚，如果**所有**的定律都被转变为原理，那么科学便会**一无所有**。每一个规律都可以分割为原理和定律，因此很清楚，这种分解无论推得多么远，规律将始终存在。

因此，唯名论具有限度，这点人们未必能分辨出来，即使他们研究了勒卢阿先生主张的真正字面意义。

科学的迅速考察将使我们更好地了解这些限度是什么。唯名论的看法只有当它是方便之时，才能受到辩护；什么时候它才是这样的呢？

实验教导我们物体之间的关系；这是未加工的事实；这些关系是极其复杂的。为了避免直接正视物体 A 和物体 B 的关系，我们在它们之间引入了一个中介物即空间，这样我们便面对三个不同的关系：物体 A 与空间图形 A' 的关系，物体 B 与空间图形 B' 的关系，两个图形 A' 和 B' 相互之间的关系。这种迂回曲折为什么有利呢？因为 A 和 B 的关系虽然是复杂的，但它与 A' 和 B' 的简单关系几乎没有什么不同；以致这种复杂的关系可以用 A' 和 B' 之间的简单关系和另外两个关系来代替，这两个另外的关系告诉我们：一方面 A 和 A' 的差别、另一方面 B 和 B' 的差别都是**很小的**。例如，如果 A 和 B 是两个天然固体，由于稍稍变形而发生位移，那么我们便想象两个可动的**刚性**图形 A' 和 B'。这两个图形 A' 和 B' 的相对位移的规律是十分简单的；它们是几何学的规律。此后，我们还要补充一点,与 A' 始终只有很小差别的物体 A 由于热效应而膨胀,由于弹性效应而弯曲。正因为这些膨胀和弯曲十分微小,对于我们的心智来说,它们是比较容易研究的。如果我们希望用同一表述涵盖固体的位移、膨胀和弯曲,请设想一下,我们将需要多么复杂的语言啊!

A 和 B 之间的关系是一个粗糙的规律,它可以被分开;我们现在有两个定律,它们描述的是 A 和 A' 的关系,B 和 B' 的关系;我们还有一个原理,它描述的是 A' 和 B' 的关系。正是这些原理的集合被称之为几何学。

其他两个问题也需注意。我们现在有两个物体 A 和 B 的关系,我们可用两个图形 A' 和 B' 的关系来代替它;但是,同样两个图形 A' 和 B' 之间的这种相同关系也能够同样好地用另外两个物体 A'' 和 B'' 之间的关系有利地代替,即使 A'' 和 B'' 完全不同于 A 和 B。在许多情况下都是这样。如果原理和几何学未被发明出来,在研究了 A 和 B 的关系之后,我们必须再次开始从头研究 A'' 和 B'' 的关系。这就是为什么几何学如此珍贵的原因。就粗糙的情形来考虑,几何关系能够有利地代替可以被认为是力学的关系,它也能够代替另外的可以被看做是光学的关系,如此等等,不一而足。

然而,不允许有人说:这证明几何学是实验科学;几何学原理是从规律中抽取出来的,在使几何学原理与规律分离的过程中,你人为地把几何学本身与使它诞生的科学割裂开来。其他科学同样具有原理,但是这并没有妨碍我们称它们为实验科学。

必须承认,不进行这种自称是人为的分离是困难的。我们知道固体运动学在几何学的起源中所起的作用;能够因此说几何学只不过是实验运动学的一个分支吗？而且，光的直线传播定律对于几何学原理的形成也有贡献。难道必须把几何学看做是运动学的分支和光学的分支吗？此外，我还想起我们的欧几里得空间，欧氏空间是几何学的恰当对象，由于方便的缘故，它被从若干类型中选择出来，这些类型预先存在于我们的心智中，我们称其为群。

如果我们转向力学，我们还会看到为数众多的原理，它们的起源是类似的，因为可以说它们的"作用半径"是比较小的，所以不再有理由把它们与严格意义上的力学分开，也没有理由把这门科学看做是演绎的。

最后，在物理学中，原理的作用更为削弱。事实上，只有当情况有利时，我们才引入它们。现在它们之所以是有利的，恰恰是因为它们只有几个，由于它们每一个几乎都能代替大量的定律。因此，增加它们的数量是毫无意义的。何况，结局是必然的，为此就需要通过舍弃抽象而终结，以便把握实在。

这就是唯名论的限度，该限度是狭小的。

然而勒卢阿先生固执己见，他以另外的形式提出问题。

由于我们的规律的表述随着我们采取的约定而变化，由于这些约定甚至可以修改这些规律的天然关系，因此在复写这些规律时，存在某种独立于这些约定的东西吗？也就是说，存在着可以起**普适不变量**作用的东西吗？例如，在与我们不同的世界中受教育的生物所提出的虚构会导致创造非欧几何学。假如这些生物后来突然移居到我们的世界上，它们会观察到与我们相同的规律，但是它们却以完全不同的方式表述它们。说实在的，在两种表述之间还有一些共同之处，但这是因为这些生物与我们的差异还不够大。

可以设想更为奇异的生物，将使两种表述系统的共同部分越来越小。从而共同部分将减小到趋于零吗？或者将依然留下此时可找到普适不变量的不可还原的残余吗？

问题要求精确的陈述。人们期望这些表述的共同部分可以用词汇表达吗？很清楚，此时没有对于所有语言都是通用的词汇，我们也不能自命构造我们所不了解的普适不变量，这种普适不变量理应被我们和我们刚才提到的虚构的非欧几何学家所理解；我们只能构造这样一种用语，它能为不懂法语的德国人所理解，也能为不懂德语的法国人所理解。但是，我们有固定的规则，容许我们把法语表述翻译成德语，反过来也是一样。正是为此，人们才编制语法和词典。也存在着把欧几里得语言翻译为非欧几里得语言的固定规则，或者如果没有这样的规则，它们也能被制定出来。

即使既无译员亦无词典，如果德国人和法国人在隔绝的世界里生活了若干世纪之后突然相互接触，你能认为，在德语书籍中记载的科学与在法语书籍中记载的科学之间会毫无共同之处吗？法国人和德国人最终肯定会彼此了解的，正像西班牙人入侵之后，美洲的印第安人最终明白他们的征服者的语言一样。

而且，也可以说，即使法国人不学德语，无疑也能理解德语，但这是因为在法国人和德国人之间，依然有某种共同之处，由于他们两者都是人。我们还能理解我们假设的非欧几何学家，尽管他们不是人，因为它们仍然是某种具有人性的生物。但是在任何情况下，即使是最低限度的人性也是必不可少的。

这是可能的，可是我将首先注意到，在非欧几何学家身上具有的那一点人性不仅足以使我们有可能翻译他们的**少量**语言，而且足以使我们有可能翻译他们的**全部**语言。

现在，我承认，必定存在着最低限度的人性；假定有一种我不了解的什么流体，它渗入到我们的物质分子中间，既无任何作用施加在它上面，也不受到来自它的任何作用。又假定有某种生物，它们能感觉到这种流体的影响，而不能感觉到我们的物质的影响。很清楚，这些生物的科学完全不同于我们的科学，寻求这两种科学的共同“不变量”是白费气力。或者，假如这些生物排斥我们的逻辑，例如不承认矛盾律，情况又该怎么样呢？

我有理由认为，审查这样的假设毫无意义。

如果我们不把狂想推得太远，假如我们只引入虚构的生物，这些生物具有类似于我们的感官，能够感觉相同的印象，而且承认我们的逻辑原理，那么我们将能够得出结论，不管它们的语言可能与我们的语言多么不同，但总能够翻译。现在，翻译的可能性隐含着不变量的存在。翻译就是精确地分离出这种不变量。例如，破译密码就是在进行字母置换时，寻求密件中保留的不变量。

现在，很容易理解这种不变量的本性是什么了，一句话就会使我们满足。不变的规律就是未加工的事实之间的关系，而“科学事实”之间的关系总是要保持与某些约定有关的东西。

第十一章 科学和实在

5. 偶然性和决定论

我不打算论述自然规律的偶然性（contingence）[①]问题，这显然是一个不能解决的问题，我就这个问题已经写得很多了。我只希望促使大家注意赋予偶然性一词的各种意义，以及区别这些意义会多么有好处。

如果我们考察任何特定的规律，我们可以预先确定，它只能是近似的。事实上，它是从实验证实中推断出来的，这些证实曾经是，而且只能是近似的。我们总是期望，更精确的测量将促使我们把新项添加到我们的公式中去；这就是所发生的事情，例如在马略特（Mariotte）定律的例子中就是这样。

而且，任何规律的陈述必然是不完备的。这一表述应当包括**所有**前提的表述，由于这些前提，一个已知的结果能够发生。我们应当首先描述做实验的**一切**条件，然后才能够陈述定律：如果所有的条件得到满足，那么现象就将发生。

---

① contigence 也可以写成 contigency，它在数学上可译为“相依”、“列联”。——中译者注

可是，只有当我们描述了整个宇宙在瞬时 t 的状态，我们才能确信，我们没有遗漏这些条件中的**任何一个**；事实上，这个宇宙的所有部分都可以对在瞬时 $t+\mathrm{d}t$ 必然发生的现象施加或大或小的影响。

现在很清楚，这样一种描述不应在定律的表述中出现；而且，要是这样做了，定律就会变得无法应用了；假如人们要求如此之多的条件，那么在任何时刻也绝无实现它们的点滴机会。

而且，因为人们永远不能确定没有遗漏某些基本条件，所以不能说：要是某某条件实现了，这样一个现象将发生；人们只能说：要是某某条件实现了，这样一个现象也许将很有可能发生。

引力定律是所有已知定律中最少不完美的定律，我们以它作为例子。它能使我们预见行星运动。例如，当我用它计算土星轨道时，我忽略了恒星的作用，而且在这样做时，我确信没有欺骗我自己，因为我知道，这些恒星太遥远了，以致感觉不到它们的作用。

接着，我将半确信地宣布，土星的坐标在这样一个时刻将包括在某某限度之间。可是，这种确实性是绝对的吗？在宇宙中不会存在一些巨大的物质块，其质量比所有已知恒星更大、其作用可以在遥远的距离感觉到吗？这种物质块可能被极大的速度激励，在其影响迄今依然不能被我们感觉到的距离处一直运动，此后有可能突然从我们附近通过。它确实会在太阳系产生我们无法预见的巨大扰动。我们所能说的一切就是，这样一个事件完全不可能，然后我们必须使自己限于下述说法："土星大概将处于天空某点附近"，以此代替"土星将处于天空某点附近"的说法。虽然这种可能性实际上等价于确定性，但它只不过是概然性而已。

由于这一切理由，任何时候也没有一个特定的定律不是近似的和概然的。科学家从来也没有放弃对于这一真理的承认；他们仅仅相信，每一个定律不管其正确或错误，都可以用另一个更精确更概然的定律来代替，这种新定律本身也将不过是暂时的而已，同样的进程能够无限地继续下去，以至科学在进步中将具有越来越概然的定律，其近似程度将以精确性和概然性与确实性的差别像你选取的那样小而终结。

假如这样思考问题的科学家是正确的，那么，尽管**每一个**特别提到的定律可以被证明是偶然的，可是能说自然定律都是偶然的吗？或者，在得出自然定律的偶然性的结论之前，人们必须要求这种进展有一个终点吗？科学家由于在追求越来越接近的近似中遇到阻碍，他们会在某天洗手不干吗？在超越某种限度之后，他们在自然界中遇见的只是变幻莫测的现象吗？

在我刚刚讲过的概念（我认为它们是科学的概念）中，每一个定律只是不完美的和暂时的陈述，它必定在某一天被另一个优越的定律所代替，前者只不过是后者粗糙的翻版而已。因此，毫无自由意志干预的余地。

依我之见，似乎气体分子运动论将为我们提供一个显著的实例。

你知道，在这个理论中，气体的所有性质都可由简单的假设来说明；人们假定，气体的所有分子以很大的速度在每一个方向上运动，它们遵循直线路径，只有当一个分子通过容器壁附近或其他分子附近时，才发生扰乱。我们粗糙的感官使我们能够观察到的效应是**平均**效应，用这些平均值可以补偿大的离差，或者最低限度，离差没有补偿是极为不可能的；这样一来，能够观察到的现象遵从简单的定律，例如马略特定律或盖－吕萨克（Gay-Lussac）定律。但是，这种离差的补偿只是概然的。分子不断地改变位置，在这些连续的位移中，分子所形成的径迹接连通过一切可能的组合。这些组合各自为数极大，它们几乎都适合马略特定律，只有少数几个与此背离。这些背离虽能发生，但必须长时期等待它们才行。如果在一个足够长的时间内观察气体，最终肯定也可以看到对于马略特定律的极短时间的背离。这必须等待多久呢？如果要求计算可能的年数，人们便会发现，这个数目太大了，只写出所使用的数字位数，就需要十位数。不要紧，总还是足以做到的。

我不想在这里讨论这一理论的价值了。显然，如果马略特定律被采用了，那么此后它看来好像只是偶然的，由于它变得不正确的一天终将到来。可是，你能认为分子运动论的信徒就是决定论的对手吗？远非如此，他们是力学家中好走极端的人。他们的分子遵循确定的路径，只有在力的影响下才离开原来的路径，该力随着距离而变化，服从完全确定的规律。在他们的体系中，既没有为自由或严格所谓的演化因素留下最小的余地，也没有为可以称之为偶然性的任何事物留下最小的余地。为了避免误解，我再附加一句，马略特定律本身没有任何演化；在我不知道多少世纪之后，它失去其真；但是在一秒的若干分之一后，它又复归为真，并且在不可胜数的世纪内亦为真。

由于我讲了演化一词，让我们去除另外的误解。人们常说，谁知道是否规律演化？谁知道是否我们会在某一天发现，石炭纪时代的规律不是今天的规律？对此，我们必须如何理解呢？我们想一想，当我们知道地球的过去状态，我们从它的现在状态能推出什么。这一推断是如何做出的呢？它是借助于假定为已知的定律推出的。定律是前提和推论之间的关系，它能使我们同样好地从前提推出推论，即能预见未来，也能使我们同样好地从推论推出前提，即能由现在得知过去。了解恒星现在位置的天文学家能够根据牛顿力学由此推出它们的未来位置，这就是他在制定星历表时所做的事情；他同样能够由此推出它们的过去位置。他这样能够做出的计算却无法告诉他，牛顿定律在未来将丧失其真，由于这个定律恰好是他的出发点；计算也不能告诉他，牛顿定律在过去不为真。关于未来的情况，他的星历表有一天能够受到检验，我们的子孙也许将清楚地认识到，星历表为假。但是，关于过去的情形，关于没有证人的地质学的过去，他的计算结果像我们力图从现在推断过去所得的全部推测结果一样，因其真正的本性便逃避了每一种检验。这样一来，即使自然规律在石炭纪时代与在当代不相同，我们也将永远无从得而知之，由于我们不能够知道石炭纪时代的任何东西，我们只能从这些规律具有持久性的假设推知。

也许有人会说，这个假设必定会导致出矛盾的结果，我们将不得不放弃它。例如，关于生命的起源，我们可以得出结论：现存的生物总是存在着，由于当今的世界向我们表明，生命总是由生命而生；我们也可以得出结论：现存的生物并非总是存在，由于现存的物理学定律适用于地球的目前状态，这告诉我们，有一个时期，地球太热了，在它上面不可能有生命。但是，这类矛盾总是能够通过两种途径来消除；可以假定，实际的自然规律并非恰恰就是我们所设想的那样；也可以假定，自然规律实际上就是我们所设想的那样，但是它并非总是如此。

显然，我们永远也不能充分清楚地认识实际的规律，因此我们不能采纳这两种解决办法中的第一个，我们被迫臆测自然规律的演化。

另一方面，想象一下这样一种演化吧。如果你愿意的话，可以设想，就有证据的这种演化而言，人类持续的时间够长的了。比如，在石炭纪时代和第四纪时代，**相同的**前提会产生不同的结果。这明显地意味着，前提是极其相似的；要是所有细节都等同的话，那么石炭纪时代与第四纪时代便会无法辨别。显然，这不是所假定的东西。问题依然在于，这样的前提伴随着这样的附带的细节便产生这样的结果；同一前提伴随着另一附带的细节便产生另一结果。时间并未进入事件中。

例如，孤陋寡闻的科学所陈述的定律也许会断言，这一前提总是产生这一结果，无须考虑附带的细节，这种只是近似的和概然的定律，它必然要被引入这些附带细节而产生的更近似、更概然的另一个定律所取代。因此，我们经常回过头来议论上面分析过的同一过程，假若人们发现这类事情，那就不会说演化的是规律，而变化的是细节。

因此，在这里，偶然性一词具有几种不同的含义。勒卢阿先生虽然保留了这些含义，但并没有充分地区别它们，而且引入了一种新的含义。实验定律仅仅是近似的，如果一些定律在我们看来好像是严密的，那只是因为我们人为地把它们转化成我们在上面称之为原理的东西。我们自由地做出了这种转化，因为决定我们去做转化的随想分明是某种偶然的东西，所以我们便把这种偶然性转移到定律本身。正是在这一意义上,我们有权利说,决定论含摄自由,由于我们可以自由地变成决定论者。也许人们将会发现,这不得不给唯名论广阔的余地,而且偶然性一词这种新含义的引入对于解决所有那些自然出现的以及我们刚刚谈到的问题将没有太大的帮助。

我一点也不想在这里审查归纳原理的基础;我十分清楚地知道,我是不会成功的,证明这一原理与在没有这一原理的情况下要取得进展同样困难。我只希望表明,科学家如何运用以及如何被迫运用它。

当相同的前件重现时,相同的结果必定同样地重现;通常的陈述就是这样。但是,要把归纳原理缩减为这些话,该原理也许就无用了。因为人们能够说,相同的前件重现,就有必要使**整个**环境重演,由于没有一个绝对无差别的事物,从而有必要使环境**严格**重演。因为这样的事永远也不会发生。所以该原理不能应用。

因此,我们应当修改我们的表述说:假若前件 A 一旦产生了结果 B,那么与 A 稍微不同的前提 A' 将产生与 B 稍微不同的结果 B'。可是,我们将如何辨认前提 A 和 A' 是"稍微不同的"呢? 如果某一环境能够用数来描述,这个数在两种情况下有非常接近的值,那么"稍微不同的"这一用语的含义是相对清楚的;于是该原理表示,结果是前提的连续函数。作为一种实际规则,我们达到了这个我们有权利进行内插的结论。事实上,这就是科学家每天所做的事情,没有内插法,整个科学将是不可能的。

还要注意一件事。我们所探求的定律可用曲线来描绘。实验告诉我们这个曲线的某些点。根据我们刚才叙述的原理,我们相信这些点可以用一条连续的曲线联结起来。我们可凭目视勾画这条曲线。新实验将给我们提供曲线的新点。如果这些新点在我们原先勾画的曲线之外,我们将修改我们的曲线,但是并没有放弃我们的原理。一条连续的曲线总可以通过任何点,不管这些点多么多。毫无疑问,如果这条曲线太随意,那么我们会感到震惊(我们甚至会怀疑实验有误差),可是并没有直接提出原理有毛病。

此外,在一种现象的环境当中,也有一些我们看做是微不足道的东西,如果 A 和 A' 仅仅在这些附带的细节方面有差别,我们将认为它们二者是稍微不同的。例如,我弄清了氢和氧在电火花的影响下化合,我确信,尽管木星的黄经可以在此瞬间显著地改变位置,但是这两种气体仍能重新化合。例如,我们假定,遥远天体的状态对于地球上的现象不会有可以感觉到的影响,事实上这似乎是不可缺少的,但是存在着一些场合,在这些场合下,实际上无关紧要的细节的选择容许更大的任意性,或者如果你愿意的话,也可以说需要更多的机智。

更应注意的一点是:假如在自然界中不存在相互类似或几乎相同的大量物体,例如假如我们不能够从一些磷推断另外一些磷,那么归纳原理将无法应用。

如果我们深思一下这些需要考虑的事情,那么决定论和偶然性的问题似乎以新的面目呈现在我们面前。

假定我们能够把宇宙中的一切现象系列包括到整个时间序列之中。我们能够设想被称之为**序列**的东西;我的意思是指前件和结果之间的关系。我不希望讲恒定关系或定律,我分别(也可以说单独)想象所认识的不同序列。

然后我们能够辨认出，在这些序列中没有两个是完全相同的。但是，正如我们刚刚叙述过的，如果归纳原理为真，那么将会有几乎相同的东西，并且可以彼此并驾齐驱地归类。换句话说，可以对序列进行分类。

决定论最终可以还原为这样一种分类的可能性和合理性。这就是前面的分析为它留下的一切。也许在这一有节制的形式之下，决定论似乎不会使道德家闻风丧胆。

无疑可以说，我们经过一段迂回又不得不回到了勒卢阿先生的结论上：我们是自发的决定论者；在一段时间之前，我们好像还反对这一结论。事实上，所有分类都以分类者的积极干预为条件。我同意，可以坚持这一点，可是在我看来，这种迂回似乎并非无用，它多少将有助于启发我们。

6. 科学的客观性

我要达到这节的标题提出的问题：什么是科学的客观价值？就客观性而言，我们首先应该了解什么呢？

保证我们生活于其中的世界的客观性，就在于这个世界对于我们和其他思维者是共同的。通过我们与其他人交流，我们从他们那儿接受了现成的推理；我们知道，这些推理并非来源于我们，同时我们从中也清楚地辨认出像我们自己一样的有理性的人的成果。因为这些推理看来好像符合我们感觉的世界，所以我们认为，我们可以推断，这些有理性的人像我们一样看到了相同的事物；于是我们知道，我们并没有做梦。

因此，这就是客观性的第一个条件；客观的东西必定对于许多心智来说是共同的，因而能由一人传达给其他人，由于这种传达只能通过"交谈"——可是这种"交谈"却引起了勒卢阿先生的极大怀疑，所以我们甚至被迫得出结论：不交谈，就没有客观性。

他人的感觉对我们来说是一个永恒封闭的世界。我们无法证实，我称之为红色的感觉与我的邻人称之为红色的感觉是相同的。

假定一个樱桃和一株红罂粟使我产生了感觉 A，而使他产生了感觉 B，相反地，一片叶子使我产生了感觉 B，而使他产生了感觉 A。十分清楚，我们将永远对此一无所知，由于我把红色称为感觉 A，把绿色称为感觉 B，而他则称第一个为绿色，第二个为红色。为了补偿，我们能够确定，在他看来与在我看来一样，樱桃和红罂粟产生了**相同的**感觉，由于他对他感到的感觉给以相同的名称，而我对我感到的感觉给以相同的名称。

因此，感觉是不可传达的，或者毋宁说，感觉中的纯粹的质是不可传达的、永远无法穿透的。可是这些感觉之间的关系并非如此。

从这种观点看来，凡是客观的东西都缺乏一切质，仅仅是纯粹的关系。当然，我不至于走得太远，以致说什么客观性只是纯粹的量（这就会不得不扯得太远了，需要详论上述关系的本性），但是我们听说，有人多么得意忘形，竟说世界只不过是微分方程式而已。

虽然我们对这种荒谬的命题有保留，但仍然必须承认，没有什么不能传达的事物是客观的，因此唯有感觉之间的关系才会具有客观的价值。

也许有人会说，审美情感对整个人类是共同的，它证明了，我们感觉的质对于所有人来说也是相同的，因而是客观的。可是，如果我们思考一下这个问题，我们便会看到，该证明不是完备的；被证明的东西在于，无论就张三和李四给以同一名称的感觉而言，或者就这些感觉的相应组合而言，在张三身上和在李四身上同样能够激起这种审美感；因为这种情感在李四身上与他称之为红色的感觉 A 相联系，同样地，它在张三身上与他称之为红色的感觉 B 相联系；或者更好一点，因为这种情感并不是由感觉的质本身所激起，而是由我们经受无意识印象的感觉的关系的和谐组合所激起。

这样一种感觉是美的，并不是因为它具有这样一种质，而是因为它在我们的观念联想的基本材料中占据这样一个位置，以至于如果不使处在思绪另一端且相应于艺术情感的“接收机”运转起来，它就不能被激发。

无论我们采取道德的观点、美学的观点或科学的观点，事情总是相同的。除了对所有人都是同一的事物以外，没有什么事物是客观的；现在，只有比较是可能的，只有比较能够翻译为从一个心智可以传达给另一个心智的“交换货币”时，我们才能谈论这样的同一性。因此，除了通过“交谈”可以传达的事物，即可以用智力理解的事物以外，再也没有什么事物具有客观的价值了。

然而，这只是问题的一个方面。完全无序的集合没有客观的价值，由于它是不可理解的；但是，即使是充分有序的集合，如果它不符合实际经验过的感觉，那么它也不再具有客观的价值。在我看来，回想这个条件似乎是多余的，要是最近无人坚持物理学不是经验科学，我也许还梦想不到这一点。尽管这一见解没有机会被物理学家或哲学家采纳，但是最好还是警告一下，以便不要让他们在斜坡上滑得太远了。因此,两个条件必须得到满足,第一要把实在[①]与梦幻分离开来,第二要把实在与浪漫文学加以区别。

现在,什么是科学?我在前文说明过,科学首先是一种分类,是把表面孤立的事实汇集到一起的方式,尽管这些事实被某些天然的和隐秘的亲缘关系约束在一起。换言之,科学是一种关系的体系。我们刚才说过,唯有在关系中才能找到客观性;在被视之为彼此孤立的存在中寻求客观性,只能是白费气力。

由于科学只能教给我们关系,便说科学不能有客观价值,这是倒行逆施的推理,因为严格地讲,科学只是那种能够被看做为客观的关系。

例如,为了称呼外部对象,人们发明了**客体**这个词,外部对象是真实的**对象**,而不是稍纵即逝的外观,因为它们不仅是感觉群,而且是用永恒的结合物黏结起来的群,正是这种结合物,而且只有这种结合物才是客体本身,这种结合物就是关系。

因此,当我们问什么是科学的客观价值时,这并不意味着:科学教导我们事物的真实本性吗?而是意味着:科学教导我们事物的真实关系吗?

对于第一个问题,人们会毫不犹豫地作出否定的回答;但是我想我们还可以更进一步;不仅科学不能教导我们事物的本性;而且无论什么东西也不能教导我们认识它,即使哪一个神灵知道它,也无法找到表达它的词汇。不仅我们不能揣摩出答案,而且即使有

① 我在这里使用了"实在的"(real)一词,它是"客观的"(objective)同义词;我这样与一般习惯用法相一致;我也许错了,我们的梦虽然是实在的,但它们并不是客观的。

人把答案给予我们，我们也无法理解它；我甚至扪心自问，我们是否真正地理解这个问题呢。

因此，当一种科学理论自命能教导我们热是什么、电是什么或生命是什么时，可以预先宣布它有过错；它能给我们的一切仅仅是粗糙的图像。因此，它是暂定的和易崩溃的。

第一个问题是无理的，还剩下第二个问题。科学能够教导我们事物的真实关系吗？科学所结合在一起的东西能够被分离开来吗？科学分离开来的东西能够被结合在一起吗？

为了弄清楚这个新问题的意义，必须涉及上面讲过的关于客观性的条件。这些关系具有客观的价值吗？这意味着：这些关系对所有人都是相同的吗？它们对我们的后人还将是相同的吗？

很清楚，它们对科学家和对无知的人来说并不是相同的。可是，这是不重要的，因为假如无知的人没有立即领会它们，科学家可以成功地用一系列实验和推理使他领会它们。基本的事情是存在一些要点，所有开始了解所做的实验的人都能够在这些要点上取得一致。

问题在于必须了解，这种一致是否持久，我们的后继者是否会存留它。也可以这样询问，今天的科学做出的统一是否将被明天的科学确认。为了肯定情况将如此，我们不能乞灵于任何**先验的**理由；这是一个事实方面的问题，科学已经存在足够长的时间了，我们能够通过探询科学的历史弄清楚，科学建造的大厦是否能够经受时间的考验，或者它是否只是短暂的建筑物。

现在我们看到了什么呢？我们乍看起来好像是，理论只持续了一天，废墟堆积在废墟之上。今天理论诞生了，明天它们流行了，后天它们成为经典，第四天它们过时了，第五天它们被遗忘了。可是，只要我们更为细致地观察一下，我们便会看出，这样死去的东西就是恰恰所谓的、自称能教导我们事物是什么的理论。然而，在它们之中总有某些东西幸存下来。如果一种理论能使我们认识到真关系，那么我们会明确得到这种关系，并且会再次发现，这种关系以新的伪装出现在取代了旧理论而成功地居于统治地位的另一理论中。

只举一个成功的例子：以太波动理论教导我们光是一种运动；今日之风尚却赞同电磁理论，该理论教导我们，光是一种流。我们没有考虑，我们是否能使它们相协调，是否可以说光是一种流，而这种流又是运动。因为在任何情况下，这种运动大概并不等同于旧理论的支持者所假定的运动，所以即使说旧理论被废黜了，我们也必定认为我们自己是有道理的。可是，在旧理论中也有某些东西保留下来，因为在麦克斯韦设想的假设流之间存在着与在菲涅耳(Fresnel)设想的假设运动之间有相同的关系。因此，存在着某些永远保留下来的东西，这种东西是基本的。我们看到，现在的物理学家如何毫不窘迫地从菲涅耳的语言变为麦克斯韦的语言，这正好说明了上述事实。毋庸置疑，许多被认为是牢固确立起来的联系被抛弃了，但是最大多数却保留下来，并且好像必须保留下来。

另外，对于这些联系来说，什么是它们的客观性的衡量标准呢？好啦，这种衡量标准与我们对于外部对象的信念正好相同。外部对象是如此之实在，以至在我们看来，它们在我们身上引起的感觉似乎是由我们所不了解的某种不可破坏的结合物相互结合起来的，而不是由一日的偶然事件相互结合起来的。科学以相同的方式向我们揭示出现象之间的其他更为精致但却同样牢固的结合物；这些结合物像细丝一样，它们长期存在而未被觉察，但是一旦注意到了，就没有办法不会继续看到它们。因此，它们和给予外部对象以实在性的结合物相比，是同样实在的；只是最近知道，它们是很小的物质，由于二者无论哪一个都不能在另一个之前消灭。

例如，可以说，以太与任何外部物体同样实在；说这个物体存在着，就是说在这个物体的颜色、味道、气味之间存在着一种牢固而持久的内部结合物；说以太存在着，就是说在所有光学现象之间存在着一种天然的亲缘关系，这两种命题无论哪一个也不比另一个少一些价值。

在某种意义上，科学的综合比通常意义的综合甚至具有更多的实在性，由于科学的综合包括了更多的关系，并且倾向于把部分综合吸收在自身之中。

可以说，科学仅仅是一种分类，分类不会为真，而只是方便的。然而，是方便的就是真的，这种为真不仅对我来说是如此，而且对所有人都是如此；对于我们的子孙来说，将仍然是方便的东西即为真；最后，不能出于偶然的东西即为真。

总而言之，唯一的客观实在在于事物之间的关系，由此产生宇宙的和谐。毫无疑问，这些关系，这种和谐，不能设想存在于构想它们的心智之外。但是，它们仍然是客观的，因为对于所有的思维者来说，它们现在是、将来会变成，或者将来永远是共同的。

这将容许我们返回到地球自转的问题，该问题将同时给我们用例子阐明上述事情的机会。

7. 地球的自转

我在《科学与假设》中说过："……因此，地球自转这一主张没有意义，……或者毋宁说，地球自转与假定地球自转更为方便这两个命题具有同一意义。"

这些话引起了不可思议的诠释。一些人认为，他们在其中看到了托勒密体系的复活，也许还看到了宣布伽利略有罪是有正当理由的。

用心读完全文的人无论如何也不会自欺。例如，地球自转这一真理与欧几里得公设处在同一立足点上。这难道是否定它吗？可以用同一语言十分恰当地说：外部世界存在着与假定它存在着更为方便，这两个命题具有同一意义。这样，地球自转的假设和外部对象真正存在的确实性具有相同的程度。

我刚才在第四节作了说明，现在我们可以更进一步。我们说过，物理学理论明显表达的真关系愈多，那么它同样也就愈真。按照这种新原则，让我们考察一下我们所讨论的问题。

是的，不存在绝对空间；因此，有这样两个矛盾的命题："地球自转"和"地球不自转"，它们中的无论哪一个都不比另一个更真。**在运动学的意义上**，为了肯定一个而否定另一个，就不得不承认绝对空间的存在。

但是，如果一个揭示了真关系而另一个则瞒着我们，那么我们仍然能够认为，前者在物理学上比后者更真，因为前者具有更为丰富的内容。现在，关于此事恐怕没有什么疑问了。

看看恒星的视周日运动和其他天体的视周日运动，此外看看地球成扁平状、傅科(Foucault)摆的摆动、旋风的旋转、贸易风，难道没有别的什么了吗？在托勒密主义者看来，所有这些现象其间没有结合物；在哥白尼主义者看来，它们都是由同一原因引起的。在说地球自转时，我断言所有这些现象具有密切的关系，**这种说法为真**并且依然为真，尽管绝对空间不存在并且不能存在。

关于地球自转就到此为止；就地球公转而言，我们将要说些什么呢？在这里，我们还有三种现象，对托勒密主义者而言，它们是完全独立的，对哥白尼主义者而言，它们被归诸同一来源；它们是行星在天球上的视位移，恒星的光行差以及视差。所有周期是一年的行星容许有不平衡，而且这一周期恰恰等于光行差的周期，此外还恰恰等于视差的周期，这一切是偶然的吗？采纳托勒密体系回答是；采纳哥白尼体系回答否；后一体系断言，在这三种现象之间存在着结合物，尽管没有绝对空间，这种结合物也为真。

在托勒密体系中，天体运动不能用有心力的作用来说明，天体力学是不可能的。天体力学向我们揭示的所有天体现象之间的密切关系都是真关系；断言地球不动就不得不否定这些关系，这便会使我们受到愚弄。

因此，伽利略为之而蒙受迫害的真理依然是真理，尽管对庸人来说，它并不具有完全相同的意义，而且它的真意义更为微妙、更为深奥、更为丰富。

8. 为科学而科学

我希望捍卫为科学而科学，并不是为了反对勒卢阿先生；这一准则也许受到他的非难，可是他也培育它，由于他热爱真理，追求真理，达到了没有真理便不能生存的地步。但是，我还有一些想法需要表白。

我们不可能了解所有的事实，因而必须选择那些值得了解的事实。在托尔斯泰(Tolstoi)看来，科学家随意地做出这种选择，而不是以实际应用为目的而做出合理性的选择。相反地，科学家却认为，某些事实比另外一些事实更有趣，因为它们使未完成的和谐完备起来，或者因为它们使人们预见到大量的其他事实。要是科学家错了，要是他们隐含假定的事实的这种等级制度只不过是痴心妄想，那么就不会有为科学而科学，从而也就不会有科学。就我而言，我相信他们是对的，例如我在前面已经表明什么是天文学事实的高度价值，这并不是因为它们能够实际应用，而是因为它们是所有事实中最富有教益的事实。

只是由于科学和艺术，文明才具有价值。一些人面对为科学而科学大惊小怪；可是它却与为生活而生活一样有效，即使生活只是痛苦；假如我们不相信一切欢乐都具有相同的质，假如我们不希望承认文明的目标就是向酒徒提供烈酒，那么它甚至与为幸福而幸福一样有效。

每一种行为都应该有目的。我们必须苦斗，我们必须工作，我们必须为游戏留有余地，但这是为欣赏的缘故；或者至少其他人有一天也可以欣赏。

凡不是思想的一切都是纯粹的无；由于我们只能够思考思想，由于我们用来谈论事物的全部词语只能够表述思想，因此宣称存在除思想以外的某些事物是一种毫无意义的断言。

然而——对于相信时间的人来说却存在着一个奇怪的矛盾——地质史向我们表明，生命只不过是两个永恒死亡之间的短暂插曲，即使在这一插曲中，有意识的思想持续了并且将仅仅持续一瞬间。思想无非是漫漫长夜之中的一线闪光而已。

但是，正是这种闪光即是一切事物。

附录

两种不同的精神类型*

我十分感谢霍尔斯特德博士以流畅的、忠实的译文，把我的著作如此完美地呈现在美国读者面前。

众所周知，这位学者已经不辞劳苦地翻译了欧洲的许多论著，从而为新大陆了解往昔的思想做出了卓有成效的贡献。

一些人喜欢喋喋不休地议论，盎格鲁-撒克逊人与拉丁人或德意志人的思维方式迥异；他们以截然不同的方式理解数学或理解物理学；这种方式似乎使他们优于其他一切人；他们没有感觉到需要改进它，他们甚至不知道其他人的思维方式。

在这方面，他们无疑错了，但是我不认为那是对的，至少那不再是对的。一个时期，英国人和美国人比以往更多地致力于比较深入地了解，人们就欧洲大陆想了些什么、说了些什么。

确实，每一个人都会维护自己的独特才干，假定反其道而行之，而这样的事又是可行的话，那就太可怜了。如果盎格鲁-撒克

* 本文是彭加勒为《科学与假设》英译本所写的序言，译自 H. Poincaré, *The Foundations of Science*, The Science Press, York and Garrison, N. Y., 1913。标题为中译者所加，并作为“附录”附加于此。

逊人希望成为拉丁人，他们至多只不过是拙劣的拉丁人；正如法兰西人力图模仿盎格鲁-撒克逊人，结果只能是东施效颦而已。

英国人和美国人已经做出了唯有他们才能够做出的科学征服；他们还将做出其他人无法做出的科学征服。因此，假若不再有盎格鲁-撒克逊人，那就未免太可悲了。

但是，欧洲大陆人也按照职责做出了英吉利人无法做出的事情，从而双方都没有必要希望全世界盎格鲁一撒克逊化。

人人都具有自己独特的能力，这些能力是五花八门的，科学协作的确类似于四重奏，每个人都想拉小提琴。

可是，对于小提琴手而言，要是他知道大提琴正在演奏什么，这并不是什么坏事，反过来也是如此。

实际情况是，英国人和美国人正在越来越充分地了解这一点；由此看来，霍尔斯特德博士所从事的翻译工作是适逢其会的。

首先考虑一下，数学科学关心的是什么。人们每每说，英国人只是由于他们的实用才培育数学，甚至说他们鄙视那些怀有其他目的的人；过分抽象的思索所具有的形而上学气味使他们大为反感。

即使在数学中，英国人也总是从特殊到一般，以至于他们从未像许多德国人所做的那样，经由集合论的大门获得成为数学组成部分的观念。可以这样说，他们始终坚持认为，人们要立足于感觉世界，永远也不要烧毁使他们与实在保持联系的桥梁。因此，他们没有能力理解，或者至少是没有能力欣赏某些比功利主义理论更为有趣的理论，例如非欧几何学。照此看来，这本书的头两编，即论述数和空间的两编，对他们来说也许是言之无物，只会使他们迷离惝恍。

但是，情况并非如此。首先，他们像人们所说的那样，是毫不妥协的实在论者吗？我没有就形而上学、至少没有就形而上学最重要的东西说他们顽固不化吗？

请回想一下贝克莱的名字吧，他无疑出生在爱尔兰，但却被英国人立即接受了；在英国哲学的发展中，它标志着一个合乎规律的、必不可少的阶段。

这不是足以证明，他们不用系留气球也能升高吗？

回过头来谈谈美国吧，《一元论者》杂志不是在芝加哥出版了吗？它的评论即使在我们看来也是够大胆的，然而它却赢得了读者。

在数学中情况如何呢？你认为美国几何学家只热衷于实用吗？远非如此。他们专心致志培育的科学分支是变换群理论，该理论具有最为抽象的形式，它距实用何止十万八千里。

此外，霍尔斯特德博士每年都要定期地就所有与非欧几何学可以相比的成果发表评论，在他周围有一批对他的工作深感兴趣的人。他向这些人介绍了希尔伯特的思想，在这位声名卓著的德国学者的原理的基础上，他甚至写出了论“有理几何学”的奠基性的专题论文。

把这个原理引入数学之中，这时无疑会烧毁依赖感性直观的所有桥梁，我坦率地承认，这是一个大胆的举动，在我看来，这也许无异于莽撞。

因此，就探讨空间概念的起源而言，美国公众准备得比料想的更为充分。

而且，分析这个概念并没有为我们所不知道的什么幽灵而牺牲实在。几何学的语言毕竟只是一种语言。空间仅仅是我们所相信的事物的名词。这个词的起源何在，其他词的渊源又在何处？它们隐匿着什么东西？询问这些问题是可以容许的；相反地，禁止询问则要受到词的愚弄；这必然会崇拜形而上学偶像，就像原始人跪倒在木头雕像面前，而不敢看其内部有什么一样。

在研究自然时，盎格鲁-撒克逊人的精神和拉丁人的精神之间的差别还要更大一些。

总的说来，拉丁人力图用数学形式表达他们的思想；而英国人则偏爱用实体的陈述描述它。

毫无疑问，为了认识世界，二者都仅仅依赖经验；当他们碰巧超越了这一点时，他们认为他们的预见只不过是暂时的，他们赶紧向自然界索要预言的确凿证据。

但是，经验并非一切，而且学者也不是被动的；他没有等待真理来找他自己，或者期待真理碰到他鼻尖上的机会。他必须去迎接真理，正是他的思考，向他揭示出通向真理的道路。为此就需要工具；好了，差别恰恰在这里出现了——拉丁人通常选择的工具并不是盎格鲁一撒克逊人偏爱的工具。

对于拉丁人来说，真理只能够用方程来表示；它必须服从简单的、合乎逻辑的、对称的定律，而且要使精神对数学美的爱恋得到满足。

盎格鲁-撒克逊人为了描述一个现象，首先要全力以赴地构造模型，他用我们粗糙的、无其他仪器帮助的感官向我们提供的普通实体来构造模型。他也做假设，他隐含地假定，自然界在她的最细微的基元中与在复杂的集合——唯有这种集合才处在我们感官所能达到的范围内——中是相同的。他从物体推断原子。

因此，二者都做假设，这的确是必要的，因为没有假设，科学家永远也不能前进一步。事情的实质在于从不无意识地做假设。

再从这种观点来看，对这两类物理学家来说，各自对对方的情况有所了解才是可取的；在研究与他们自己的精神如此不同的精神的工作时，他们将立即辨认出，在这一工作中已经有假设的堆积。

毋庸置疑，这还不足以使他们理解，他们恰恰像许多人一样，是按照他们的本分做假设的；自己眼中有木梁，却指责人家眼中有小刺；但是，通过对手的批评，他们将告诫他们的对手，可以预料，这些告诫将会给对手提供同样的帮助。

英国人的步骤在我们看来往往是粗糙的，他们所猜想、所发现的类似在我们看来常常是肤浅的；他们有时在遣词用语方面缺乏条理、自相矛盾，这使几何学精神感到震惊，数学方法的使用会立即使之原形毕露。但是，另一方面，最为经常的是，他们没有察觉到这些矛盾，这是十分幸运的；要不然，他们肯定会抛弃他们的模型，而不会从中推出辉煌成果的——他们经常是从模型获得这些结果的。

于是，当他们最终察觉到这些真正的矛盾时，它们有利于向他们揭示出他们概念的假设性特征，相反地，数学方法由于其明显的严密和固定的程序，时常在我们身上激起毫无正当理由的自信，它妨碍我们环顾我们自己。

可是，从另一种观点来看，两种概念的形成是很不相同的，归根结底，它们之所以大相径庭，是因为它们有共同的缺陷。英国人希望我们用看得见的东西构造世界。我的意思是，我们是用肉眼看的，而不是用显微镜看的，更不是用比较精妙的显微镜即受科学归纳法指导的人脑来看的。

拉丁人想用公式构造世界，但是这些公式依然是我们看得见的东西的完美表示。换句话说，二者都用已知的东西构造未知的东西，他们却辩解说不存在另一种做法。

如果未知的东西是单纯物而已知的东西是复合物，那么这合理吗？

假使我们认为单纯物与复合物一样，我们岂不是要从中得出荒谬的观念，或者倘若我们力求把元素理解为单纯物，而元素本身却是化合物，我们岂不是也要得出错误的观念？

某一天，某人在我们感官表明的复杂的集合物下发现了简单得多的、甚至与该集合物不相似的东西——当牛顿用更简单的、等价的然而却不相同的万有引力定律取代开普勒三定律时，情况就是这样——每一项重大的进步岂不正好是在这一时刻完成的吗？

人们有理由询问，我们是否恰恰处在这样一个革命的前夜，甚或是处在一个更为重要的时刻。物质似乎将要丧失它的最牢固的属性即质量，它本身似乎将要分解为电子。届时力学必须让位给一个更为广泛的概念，这种概念能够说明力学，而力学却不能说明这个概念。

这样一来，无论英国人用实体模型建构以太，还是法国人把运动学定理用于以太，他们的企图都是徒劳的。

正是未知的以太说明已知的物质；而物质却不能说明以太。

图书在版编目(CIP)数据

科学的价值/(法)昂利·彭加勒著;李醒民译.—北京:商务印书馆,2017
(汉译世界学术名著丛书:120年纪念版:珍藏本)
ISBN 978-7-100-14746-0

Ⅰ.①科… Ⅱ.①昂… ②李… Ⅲ.①科学—价值论
Ⅳ.①G301

中国版本图书馆CIP数据核字(2017)第159844号

汉译世界学术名著丛书
(120年纪念版·珍藏本)
科 学 的 价 值
〔法〕昂利·彭加勒 著
李醒民 译

商 务 印 书 馆 出 版
(北京王府井大街36号 邮政编码100710)
商 务 印 书 馆 发 行
北 京 冠 中 印 刷 厂 印 刷
ISBN 978-7-100-14746-0

2017年12月第1版　　开本710×1000 1/16
2017年12月北京第1次印刷　　印张12¼
定价:62.00元